The Series in the Applied Ethics of
Contemporary Science and Technology

当代科学技术应用伦理学丛书

名誉主编：陈　凡　丛书主编：赵迎欢　宋吉鑫

国家社会科学基金"设计伦理视角下纳米制药技术风险及责任控制问题研究(12BZX030)"项目资助

Ethics of Design:
The Studies on the Design of Nano–Pharmaceutical Technology

设计伦理学
基于纳米制药技术设计的研究

赵迎欢　等◎著

科学出版社
北京

图书在版编目（CIP）数据

设计伦理学：基于纳米制药技术设计的研究/赵迎欢等著. —北京：科学出版社，2016
（当代科学技术应用伦理学丛书）
ISBN 978-7-03-048926-5

Ⅰ. ①设… Ⅱ. ①赵… Ⅲ. ①制药工业-工艺设计-伦理学-研究 Ⅳ. ①TQ460.6 ②B82-057

中国版本图书馆 CIP 数据核字（2016）第 138406 号

责任编辑：侯俊琳 樊 飞／责任校对：何艳萍
责任印制：李 彤 ／封面设计：无极书装
联系电话：010-64035853
电子邮箱：houjunlin@mail.sciencep.com

科学出版社 出版
北京东黄城根北街 16 号
邮政编码：100717
http://www.sciencep.com
北京厚诚则铭印刷科技有限公司 印刷
科学出版社发行 各地新华书店经销
*
2016 年 7 月第 一 版　　开本：720×1000　1/16
2022 年 3 月第四次印刷　印张：11 3/4
字数：350 000
定价：**69.00 元**
（如有印装质量问题，我社负责调换）

总 序
Perface

他山之石，攻己之玉

20世纪80年代以来，以信息技术、生物技术、纳米技术和认知科学技术为代表的四大会聚技术对人类的生产、生活乃至思维观念均产生了深远影响。随着现代科学技术日益成为生产、生活、生命和生态中的显象，科学技术应用伦理学也合乎逻辑地成为当代科学技术哲学研究中的显学。西方许多学者在广泛研究的基础上，提出了技术哲学的"经验转向"、技术哲学的"伦理转向"，乃至深入探索"技术伦理的设计转向"。欧美学者紧密关注工程设计中的伦理问题和信息技术与道德哲学研究，他们的观点和思想启迪中国学者对当代科学技术伦理学的研究进路、研究重点、研究方向、研究方法、研究热点及研究程度进行深入挖掘。

翻译荷兰著名学者和专家的著作有助于我们更好地理解作者的思想和中西文化在技术伦理研究中的碰撞和融合，使中国学者的研究不断追踪学科前沿并与国际接轨，以求在立足"本土化"

的前提下，逐渐走向"国际化"，这必将有利于促进中国特色的科学技术伦理思想的建构与完善，弘扬中国传统文化中的伦理精神，提升中国传统文化与当代人文精神的交融。

赵迎欢教授和宋吉鑫教授主编的《当代科学技术应用伦理学》丛书，是科学技术和伦理学研究交叉学科的最新成果。其中《安全与可持续：工程设计中的伦理问题》和《信息技术与道德哲学》两部译著均对科学、技术、工程中的伦理问题进行了探索，并从认识论、方法论和价值论视角提出相关的伦理原则和伦理精神，是点亮当代科学技术应用伦理研究与道德责任建构的火炬，丛书意义深远。《网络伦理学探究》和《设计伦理学》两部著作是作者在科学技术伦理学领域多年研究的积淀，也是借鉴国外先进思想，"洋为中用"，结合中国实际的具体探索。书中洋溢着作者热爱科学、热爱哲学、热爱亲身经历着巨大变化的祖国的深深情怀，彰显着作者对当代科学技术相关伦理问题的关注和思考以及作者对人的尊严的理性追求和人生豪迈。

"他山之石，可以攻玉"这句经常为世人引证的至理名言，将不断激发中国科学技术哲学研究和科学技术伦理学研究的学者，在哲学创新的旅途中，开拓进取，奋力拼搏，为繁荣我国的科学技术伦理学研究贡献力量。

陈　凡

2012年3月于沈阳

代自序
Substitution of Preface

设计伦理研究对技术哲学发展的重要意义

自 20 世纪 90 年代以来,国际技术哲学研究的专家学者们聚焦"技术的经验转向"以至到 21 世纪初年将"技术的伦理转向"作为研究的重心,至今已经有 20 余年的历史。截至目前,尚未有一部较为系统的《设计伦理学》著作出台。已有的研究也只是在相关设计伦理问题的某些方面做些许论述,星星点点,还没有切实将技术设计研究与伦理研究有机契合并形成完善的理论体系,因为已有的研究没有深入到伦理学的基本原理和规范体系。

伦理学具有实践品格。作为具有实践哲学特征的伦理学,其问题来源于实践,其学理分析来源于哲学原理和伦理学原理,其研究方法来源于辩证思维方法的指引。如若失去了这些,相关技术设计的伦理研究无异于停留在表面,而没有深入到具体内容和实质中。《设计伦理学:基于纳米制药技术设计的研究》可以说在对技术设计伦理学基本原理系统研究方面做出了探索和尝试，但也仅仅是从实践的视角进行理性思考的较为完整的系统化理论著作，不敢堪称为一部经典的《设计伦理学》。但有一点是毋庸置疑的，就是本书中有关设计伦理学理论和原理的系统研究对技术哲学的发展具有非凡的意义。

设计伦理学研究是技术哲学研究的基础层次，而应用伦理学研究多聚焦于"问题"之上，具有十分鲜明的实践特色。21世纪是一个学科交叉和跨学科创新的时代。这个时代的由来缘起科学革命的发生和高技术的迅猛发展，以及相关问题在多学科领域的关联性。哲学家波普尔曾说过：科学和知识的增长永远始于问题，终于问题——愈来愈深化的问题，愈来愈能启发新问题的问题。问题意识的培养是创新的逻辑起点和动力源泉，我们应寻着解决问题的思路去发展知识、去实验、去观察[1]。科学研究始于问题，而问题的来源在于实践。运用实践的观点审视现代高技术发展的进步和随之而来的问题，是靶向技术健康可持续发展的关键。

伦理学研究对象是道德现象和道德关系，而人类的伦理关系主要表现为人与自然的关系、人与社会的关系及人与人的关系。在各种关系的发生中，利益关系是伦理和道德的一般本质。审视当前高技术引发的各种利益碰撞的根源，探寻解决困境的路径，是伦理实践品格的彰显和内容丰富的创造源泉。

设计伦理的问题研究是哲学反思的基础来源，哲学反思形成的知识体系是设计伦理的高层次。二者关系紧密，层次分明，在纵向上表现为高低有序的结构。当然，技术哲学理论又为设计伦理把准问题和明细研究进路提供了理论武器。二者你中有我，我中有你。从目前的研究结构上分析可见（图1）：技术设计是技术哲学的"硬核"，技术设计关涉的问题、方法、理论是设计伦理研究的主体内容，伦理规范体系的建构是设计伦理学的"硬核"，而设计伦理研究领域是形成伦理规范体系的基础。技术哲学研究的工程设计、工业设计和环境设计是设计伦理研究的三个领域，由此将通过路径的循环使设计伦理与技术哲学研究接洽。可见，探讨设计伦理研究对技术哲学发展的意义不是空穴来风，而是发展中的必然。

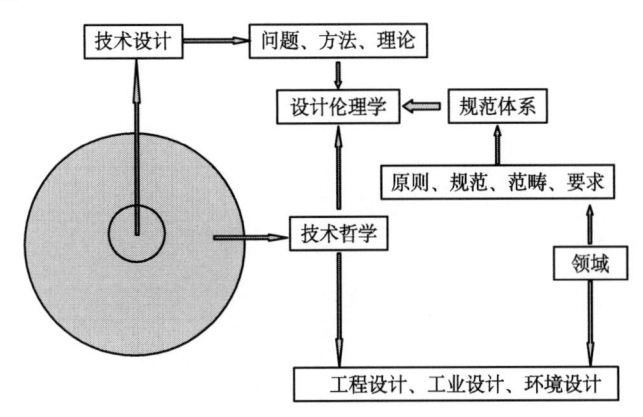

图 1　设计伦理学与技术哲学之关联

　　设计伦理学研究的意义十分深远，它不仅试图将问题的研究上升到理性思考，而且试图将理性思考的结果以特定的逻辑系统化为知识体系。从这个意义上说，设计伦理学兼具元理论研究和实践应用研究的双重特性，同时，又具有形而上的哲学思辨特征，是链接理论与实践的最佳成果。

　　由于物质运动形式的多样性和物质层次的差异性，人们的认识总是要经历一个由浅及深的实践过程。物质世界或某一研究对象的统一性是实现人们从若干方面的局限性认识发展成为整体性认识的过程[2]。因此，对设计伦理学的研究也必将是一个日渐深化的过程。这种过程也一定是遵循着曲折前进和螺旋式上升这一事物发展规律而呈现的动态图景。

赵迎欢

2016 年 5 月 5 日

参考文献

[1] 胡建华.大学科学研究与创新型人才培养[J].高等教育，2009，(11)：91-94

[2] 陈昌曙.自然辩证法概论[M].沈阳：东北大学出版社，2000：236-237

前　言
Foreword

　　纳米技术（nanotechnology）作为四大会聚技术（NIBC）之一自20世纪90年代以来在全球蓬勃发展，纳米技术成果已经深入和渗透到各个领域，不仅给人们日常生活带来变化，也引起人们思维方式的变革。纳米技术融入医药学领域，改变了人们的医疗方式以及健康理念，尤其是纳米药物的靶向作用，对于治疗癌症、糖尿病等疑难疾病具有特殊疗效。科学家预测，未来纳米药物的广泛应用将进一步提高癌症患者的治疗效果，以延长其生命和提升其生命质量。

　　然而，任何事物的发展都是正反两个方面的并存，纳米制药技术在积极作用发挥的同时，也同样伴有风险，而且由于技术风险的迟延性特点，客观决定了纳米制药技术风险在当下并非全部已知，从而导致药物使用者在风险"未知"或"不完全已知"的情况下选择使用了纳米药物，由此引发的伦理问题表现为健康安全、生态环境安全、社会安全三个方面，具体展现纳米制药技术设计的伦理问题为知情同意的悬置、利益平衡的考量、技术风险的消解、药物设计者责任以及医疗保障的公平五个重要方面。从设计伦理角度对上述问题加以研究，不难看出其关键在于药物设计风险控制和药物设计者责任，提高药物设计者责任意识和责任行为践行是消解技术风险和解决相关利益冲突的源头。这也构成了该项成果研究的动因和着力点的搁置。

任何一项技术的发展都有其进化规律可循，纳米技术也不例外。从目前的纳米制药技术发展进程可以看出，它已经从最初的引入阶段、渗透阶段发展到生长阶段，对于生长性的纳米技术风险的认识和分析，对其引发的伦理和责任问题进行控制，显得尤为重要。本书研究成果博采国内外众多纳米技术专家的研究成果和资料，以风险理论、利益相关者理论、技术社会建构论、技术哲学理论和责任及责任分配理论为基础，采用文献分析和实证研究相结合、定性和定量研究相统一的方法，在积淀数据和定量分析的基础上，运用哲学抽象和思辨，归纳概括纳米制药技术风险的一般表现，分析其可能存在的原因，聚焦纳米制药技术主体（即药物设计者责任）是控制技术风险的关键，进而提出进行责任控制的机制。

第一，以伦理学理论为基础建构了设计伦理的"硬核"部分即设计伦理规范体系，提出了设计伦理原则、伦理规范和伦理范畴，明确了设计伦理是带有极强应用性的规范伦理学。第二，运用风险理论和技术社会建构论，采用德尔菲法（Delphi method），建构了纳米制药技术风险评估的建构性技术评估（CTA）指标体系。第三，运用利益相关者理论探究在纳米药物生命周期管理的起始阶段（即研发阶段）不同主体的行为选择对技术风险产生的影响；明晰纳米制药技术设计主体责任及责任性质。第四，运用技术哲学理论，从技术设计方法研究视角，将价值敏感设计（VSD）方法整合到纳米药物设计之中。第五，运用责任及责任分配理论建构纳米药物设计者责任的核心范畴——"负责任创新",并从理论层面阐明"负责任创新"的本质是信念伦理,发展现代责任理论,进而提出对纳米制药技术风险进行责任控制的机制。

本书研究成果从2012年起至今已历经4年,在2008~2011年4年研究的前期基础上已经有了重大提升和超越,无论在理论的发展方面还是方法的创新方面,本书中的观点均具有重要的理论意义、学术价值和实践意义。

赵迎欢

2016年5月5日于沈阳

目 录
Contents

总序（陈凡）/ i
代自序 / iii
前言 / vii

第一章　纳米制药技术设计伦理研究的意义 / 1
　　第一节　纳米制药技术设计伦理研究的必要性及学术价值 / 1
　　第二节　国内外研究进展 / 5
　　第三节　相关范畴界定 / 8
　　　　一、技术评估（TA）/ 8
　　　　二、建构性技术评估（CTA）/ 9
　　　　三、设计伦理（ED）/ 10
　　　　四、负责任创新（RI）/ 11
　　　　五、风险管理（MR）/ 12
　　第四节　研究思路及技术路线 / 13
　　第五节　研究方法及创新点 / 14
　　参考文献 / 15

第二章　设计伦理基本原理 / 18
　　第一节　设计伦理理论概述 / 18
　　　　一、安德鲁·芬伯格的技术设计思想 / 18

二、荷兰学派的技术设计伦理——价值敏感设计 / 20
　　三、利益相关者理论在设计伦理中的理论地位 / 21
　　四、现代责任伦理学派思想的演进 / 22
第二节　设计伦理规范体系 / 24
　　一、科学性与人文性相统一是设计伦理的原则 / 25
　　二、技术规范框架与伦理规约共价是设计伦理的规范 / 26
　　三、安全与可持续是设计伦理的一般范畴 / 28
　　四、"负责任创新"是设计伦理的核心范畴 / 30
第三节　设计伦理研究方法 / 32
　　一、技术风险评估方法 / 32
　　二、价值敏感设计方法 / 34
　　三、哲学的反思、批判与建构 / 35
第四节　一种新视角——现代语境的纳米制药技术设计伦理研究 / 36
　　一、文化生产力是研究纳米制药设计伦理的现实语境 / 36
　　二、价值理性的凝练是文化生产力的核心旨归 / 46
　　三、价值理性对纳米制药技术设计的引航 / 51
参考文献 / 52

第三章　纳米制药技术伦理问题及根源分析 / 56
第一节　纳米制药技术伦理问题 / 57
　　一、健康安全 / 57
　　二、环境生态安全 / 60
　　三、社会安全——公平和公正 / 61
第二节　纳米制药技术伦理问题的成因 / 62
　　一、"纳米效应"是纳米制药技术伦理问题的客观成因 / 62
　　二、设计责任是纳米制药技术伦理问题的主观成因 / 64
　　三、技术规范缺失导致纳米制药技术管理"真空" / 67
第三节　纳米技术伦理沉思 / 68
　　一、纳米技术价值评价 / 69

二、纳米技术伦理控制 / 71

三、纳米技术伦理嬗变 / 72

参考文献 / 74

第四章 纳米制药技术风险及评价体系 / 78

第一节 药学实验设计与数据管理 / 79

一、药学实验设计的科学性与伦理正当性 / 79

二、纳米制药技术设计三维伦理问题 / 87

第二节 纳米制药技术设计的现实问题 / 90

一、知情同意的悬置 / 90

二、利益平衡的考量 / 91

三、技术风险的消解 / 92

四、药物设计者责任 / 92

五、医疗保障的公平 / 93

第三节 纳米制药技术风险评估体系的建构 / 94

一、纳米制药技术设计与技术风险的建构性评估 / 95

二、纳米制药技术风险的建构性技术评估指标体系 / 97

三、纳米制药技术风险的建构性技术评估指标体系的理论基础 / 99

参考文献 / 100

第五章 纳米制药技术设计责任及责任分配理论 / 104

第一节 纳米制药技术设计责任的分属及性质 / 104

一、纳米制药技术设计责任的分属 / 105

二、纳米制药技术设计责任的性质 / 108

第二节 纳米制药技术设计者责任 / 112

一、药品质量责任是技术设计者第一责任 / 112

二、员工健康责任是技术设计者的道德责任 / 113

三、环境保护责任是技术设计者的法律责任 / 114

第三节 责任分配的理论基础 / 115

一、"元责任"论是道义论的最新发展 / 116

二、技术美德论是实践美德伦理 / 119
三、社会公益论展现伦理方向 / 121
四、使命是一种伦理精神 / 122

参考文献 / 127

第六章 纳米制药技术设计责任控制机制 / 129
第一节 纳米制药技术设计理念现代化 / 130
一、生态化设计理念 / 130
二、设计的制度控制 / 131
第二节 纳米制药技术设计责任控制路径 / 135
一、"负责任创新"路径 / 135
二、消解技术风险 / 139
三、纳米制药技术设计者使命意识 / 145
四、信念的动力机制 / 149

参考文献 / 150

第七章 设计伦理研究展望 / 155
第一节 纳米制药技术设计伦理研究的结论与不足 / 156
一、研究结论 / 156
二、研究的不足之处 / 158
第二节 设计伦理研究展望与讨论 / 158
一、设计伦理研究领域 / 158
二、工程设计伦理的人文意蕴 / 159
三、工业设计伦理的文化因子 / 162
四、环境设计伦理的核心要义 / 163

参考文献 / 164

附录 / 165
后记 / 167

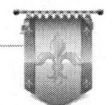

第一章
纳米制药技术设计伦理研究的意义

　　纳米制药技术是现代药学技术发展过程中的尖端技术，属高技术领域。随着现代高技术的迅猛发展，纳米制药技术成果在改善人类健康状况和抵抗肿瘤等疑难疾病方面发挥着日益显赫的作用。尤其在"精准治疗"到"精准医学"发展的背景下，研发具有高效、低毒、风险小的靶向药物是提高人类生命健康质量，实现国家健康事业战略和"健康中国"发展目标的需求。

第一节　纳米制药技术设计伦理研究的必要性及学术价值

　　纳米技术，最早源自于著名物理学家、诺贝尔物理学奖获得者

设计伦理学：基于纳米制药技术设计的研究

Richard Feynman 在 1959 年所做的一次题为"在底部还有很大空间"（There is Plenty of Room at the Bottom）的演说[1]，演说中首次提出了"纳米"概念，并大胆假设不排除从单个的分子甚至原子开始进行组装制造物品的可能性。随着科学技术日益发展，Richard Feynman 的大胆设想逐渐变成了现实。纳米技术不仅应用于工程纳米材料（engineered nanomaterials，ENM）的制备领域，而且不断向医学和药学领域渗透，显示出纳米技术发展的美好愿景。

众所周知，科学家对物质层次结构的认识基本清晰，即自然界物质结构层次包括宇观世界、宏观世界、微观世界。随着认识的深化，物理学家发现，在宏观和微观之间有一个特殊范围，即 1~100 纳米，科学家称之为"介观"（mesoscopic）领域。纳米技术所研究的领域是一种介于宏观的经典物理和微观的量子物理之间的状态，即介观状态[2]，当物质处于介观状态时，将出现许多奇异的新性质——在宏观状态下可以表现出某些原来认为只能在微观世界中才能观察到的现象。1984 年，Gleiter 首次采用气体冷凝的方法，成功制备了铁（Fe）纳米粉。随后，美国、联邦德国、日本先后研制成纳米级粉体及块体材料。1990 年 7 月，在美国巴尔的摩召开的第一届国际纳米科学技术会议上，正式将纳米材料科学作为材料科学的一个新分支公之于众。1991 年，研究者又发现了碳纳米管。碳纳米管是一种二维材料，虽然它的直径仅有几纳米，并且密度仅为钢的 1/6，但其强度却比钢高 100 倍，是很有前途的增强剂。同时，因其导电性超过铜，它可能会成为纳米级电子线路的优选材料。以后，伴随着纳米技术的发展，作为纳米医学重要组成部分的纳米药物（nanomedicine）也开始从实验室走向市场。纳米药物在提高 BCS Ⅱ类（低溶解度、高通透性）和Ⅳ类（低溶解度、低通透性）药物的生物利用度、提高溶解度、增强靶向性、增强缓控释、提高稳定性、提高药效、降低不良反应、降低毒副作用、改变给药机制以及建立新的给药途径等方面与传统药物相比具有明显的优势[3-9]，特别是在治疗糖尿病、肿瘤疾病等方面的研究成果[10-16]，为人类战胜疾病、促进健康和提高生命安全做出了巨大贡献。目前，许多纳米技术已经在制药领域得到成熟应用[17]，并且一些国家已有纳米药物上市[18-19]。

技术是人类改造客观物质世界的手段和方式的总和。它既表现为技术过程，也表现为技术成果。作为技术核心部分的技术知识或技术原理又是以科学知识和科学原理为基础的转化形式，它在技术实践中凝结着人类的智慧并闪烁着理性的光辉。由于技术与人类的生活世界和社会发展息息相关，技术又不会以纯粹的自然属性表现自身，它必然伴生社会属性而存在，并且社会属性是技术价值负荷的理论基础。

20 世纪 90 年代以后，世界范围内兴起了对四大会聚技术的研究热潮。一大批科学家、哲学家、伦理学家、法学家及管理者相继参与到会聚技术的伦理问题研讨之中。在会聚技术的发展中，纳米技术随着其应用范围的扩大和应用领域的深化，日益成为"显学"。中国科学院根据世界纳米技术发展的态势制定了 2050 年路线图，这必将为中国在未来加速发展纳米技术指明方向。今天的纳米技术应用已经不仅仅是在工程方面的纳米材料制造，其中嵌入了相关领域的技术并使技术融合得更加明显，如纳米医药技术、纳米化妆品技术等。当然，伴随纳米技术的发展，产生的安全问题及与安全问题相关的伦理问题日益凸显。例如，纳米技术生产者的健康风险、纳米产品使用后的迟延风险，以及纳米产品对环境和生态产生的影响。这些影响主要反映了人类基本的伦理关系，即人与人、人与自然和人与社会的关系。为有效解决相关纳米药剂制备和应用过程中的伦理问题，本书研究立足于医药学实践领域的特殊性，以纳米药物的研发和应用为重点，在设计伦理视角下研究纳米制药技术风险及责任控制问题，具有独到的专业性和技术性、理论性和实践性、反思性和建构性、思辨性和实证性。本书研究结论和观点对设计伦理理论的建构具有极其重要的启示作用。

随着现代药学的发展，药学在保障人类健康、延年益寿和祛除疾病等方面发挥着越来越重要的作用。尤其在 2000 年以后，面对世界头号杀手——"癌症"的治疗，纳米药物发挥着十分重要的作用。目前已经上市的纳米药物有紫杉醇等，在对癌症患者的化疗中预防副作用显示出突出的效果。因此，目前对纳米给药系统的研究项目已经得到 973 计划等多项资助。中国国家纳米研究中心等高校和科研院所正在致力于纳米药剂的研发。但是在药物应用领域扩展的同时，人们也看到一个非常现实的问题，就是国际范围内至今仍然未有一个普遍的对纳米药剂及临床试验做出规定和说明的质量标准，对纳米药物的安全性评价仍然参照原有的药品标准在进行。由此产生的问题是，药物的不良反应和后果评价处在模糊状态。由于纳米粒子具有结构效应、尺寸效应、剂量效应、量子效应等特殊性，所以对纳米粒子及相关产品的安全性评价具有复杂性，客观上建构具有特殊评价标准的纳米药剂规范势在必行。该项研究成果试图在对科学研究数据进行分析的基础上，从哲学层面论证产品质量标准对伦理规范建构的重要性，同时阐明防范纳米制药技术风险的源头在药物设计阶段，以及由药物设计者责任控制。

　　本书的理论意义和学术价值首先在于理论创新。第一，本书成果博采国内外众多纳米技术专家的研究成果和资料，以风险理论、利益相关者理论、技术社会建构论、技术哲学理论和责任及责任分配理论为基础，构建了设计伦理基本原理，包括设计伦理规范体系，即设计伦理原则、设计伦理规范、设计伦理范畴以及设计伦理研究方法，形成了较为完善的设计伦理学体系；论证了"负责任创新"是设计伦理的核心范畴并揭示其本质是信念伦理。第二，本书运用利益相关者理论和责任理论深化了对纳米制药技术设计责任进行分配的分析，在责任链上明晰了纳米制药技术设计主体包括技术设计者、技术管理者、技术政策制定者和技术使用者，阐明纳米制药技术设计责任的三个维度即安全性设计、可持续性设计和社会发展性设计，明确提出药物设计者责任包括药品质量责任、员工健康责任和环境保护责任以及责任性质，进而探索了纳米制药技术设计责任控制机制，丰富和发展了责任理论的内涵。

　　本书的理论意义和学术价值在于研究方法创新。第一，本书采用文献分析和实证研究相结合、定性和定量研究相统一的方法，在积淀数据和定量分析的基础上，运用哲学的辩证思维，分析药学实验设计中的伦理问题及数据管理的科学性要求，明确提出将伦理研究前移至药物设计阶段的必要性，阐明药物技术设计者责任控制是预防技术风险的源头。

第二，本书采用文献研究方法、定性研究和德尔菲法，建构了纳米制药技术风险建构性技术评估的指标体系，从健康安全、生态环境安全、社会安全、政策引航四个维度对指标体系中的因子（或变量）进行分析评价，论证其指标体系因子设定的合理性，实现了管理学方法、伦理学方法与技术哲学研究方法的有机结合统一。第三，本书将价值敏感设计方法整合到纳米制药技术设计过程之中，以纳米制药技术设计载体材料选择为实例研究，探索了消解技术风险的路径，通过价值理性嵌入技术设计，突破技术工具理性的桎梏，为纳米制药技术风险的消解探寻了出路。

本书研究成果的实践意义在于：第一，通过研究建构的纳米制药技术风险评价的建构性技术评估指标体系，有助于在实践中指导研究者的具体科研工作。第二，对纳米制药技术风险做系统研究有助于政策制定者在对纳米制药技术成果应用环节的政策制定和决策实践中考量其政策的伦理意义，使政策与伦理要求和规范协调。第三，提出纳米制剂应符合《药品生产质量管理规范》（GMP）标准进行过程管理的观点具有重要的靶向政策和管理规范制定实践的指导意义。

总之，本书建构了新理论并运用了新方法对纳米制药技术伦理问题（即技术风险和责任控制）进行了系统研究。笔者期待本书能为靶定纳米制药技术的健康可持续发展提供政策性依据。

第二节　国内外研究进展

目前，总论纳米技术的文献有很多，但是聚焦纳米制药技术风险研究的文献甚少。笔者查阅了 2007 年 1 月至 2015 年 5 月全部与纳米制药和纳米伦理研究相关的中外文献，并对文献做了综合分析，发现其具有以下特点：一是世界范围内纳米技术和科学研究最先进的国家是美国和荷兰，其有全球最大的纳米实验室，并研发取得了重要的科学研究成果；二是在中国，纳米技术、纳米药物的研发以及科学研究水平已经跻身世界前列。

从目前获得的文献资料分析，从事纳米科学技术研究的专业人员已经在纳米制药领域取得了突破性进展。例如，中国科学院纳米研究中心的赵宇亮研究组，通过一系列抗肿瘤药纳米制剂研究指出纳米药物的特性具有结构效应、尺寸效应和剂量效应，并发表相关论文阐明纳米药剂的前景和可能伴随的伦理问题。又如，梁兴杰、赵宇亮联合发表在《中国基础科学》杂志 2010 年第 5 期的论文《新型纳米药物克服肿瘤化疗抗药性》；常雪灵、祖艳和赵宇亮联合发表在《科学通报》2011 年第 56 卷第 2 期的论文《纳米毒理学与安全性中的纳米尺寸与纳米结构效应》；赵宇亮和吴树仙联合发表在《科学与社会》2012 年第 2 卷第 2 期的论文《"风险与理性"：面向社会需求的纳米科学技术》；以及赵宇亮和柴之芳合作，于 2010 年在科学出版社出版的《纳米毒理学》，都对纳米药物的特性、风险及可能产生的问题进行了分析和论证。研究明确指出，传统毒理学研究中，颗粒的尺寸不被认为是决定毒性的因素，决定毒性的因素主要是颗粒的剂量（即 5 克/千克）。但是，在纳米尺度范围内，颗粒的大小、比表面积等与活性、毒性紧密相关。颗粒尺寸的变化可完全逆转其毒理学行为。某些纳米颗粒在一定尺寸下具有高毒性，而在另一尺寸下具有惰性和安全性。评价纳米材料毒性，除了利用传统毒理学研究中的"剂量-效应"关系，还要考量"尺寸-效应"关系和纳米毒理学研究中的系统研究方法[20]。同时指出，科学研究的任务不仅是开发其用途，还要研究其毒性和负面性。通过研究，他们揭示出病理学结果，120 纳米氧化锌暴露导致小鼠胃、肝、心肌和脾脏组织病理损伤呈现"正的剂量-效应关系"；而令人惊讶的是，20 纳米氧化锌暴露小鼠组，肝、胰腺、心肌和脾脏的损伤呈现"负的剂量-效应关系"。这表明，剂量越大，损伤越小，化学组织相同、剂量相同的纳米颗粒，当尺寸变小时，出现了完全逆转的毒理学行为[20]。大量数据和实验已经为伦理研究提供了思考的空间和可供建构规范的依据。沈阳药科大学王东凯、孙进教授等对纳米给药系统进行了较为深入的研究。例如，王玉、王东凯、孙念联合发表在

第一章 纳米制药技术设计伦理研究的意义

《中国药剂学杂志》2009年第7卷第3期的论文《聚丙交酯乙交酯共聚物作为大分子药物载体的纳米及微米技术研究进展》指出,在纳米载体的材料选择时,要考虑生物降解性。脂肪族聚酯聚乳酸(polylactic acid,PLA,也称丙交酯)、聚羟基乙酸(polyglycolic acid,PGA,也称乙交酯)及其聚丙交酯乙交酯共聚物(poly(lactide-co-glycolide),PLGA)具有良好的生物相容性和生物降解性,降解产物能通过人体正常新陈代谢排出体外,且毒性低,原料廉价[21]。可见,科研人员在纳米药剂研发过程中已经嵌入了伦理考量。与之相应,哲学伦理学家正在致力于纳米制药技术风险研究及治理方法的探索,试图考量纳米制药技术与人的生活世界的关系,思考纳米制药技术引发的健康、环境、生态和社会问题,并立足于"中道"立场,尝试性地提出解决问题的对策。例如,赵迎欢和 Jeroen van den Hoven(尤瑞恩·范登·霍文)教授合作发表在《医学与哲学》2010年第7期的论文《纳米药物的风险与控制》中指出,纳米药物的风险主要表现为健康风险、环境风险,治理风险的对策首先要创建风险评估标准[22],而风险评估标准的确立依赖于对纳米制药技术机理的研究。国家纳米中心的梁兴杰教授认为,纳米制剂处于研究阶段的居多,目前用于临床的品种偏少,主要原因之一是安全性问题。纳米粒或其降解产物的细胞毒性是一个主要问题,药物载体的纳米颗粒如果长期在体内蓄积,也可能存在一定的副作用,而改善其生物相容性是未来研究的重点。[23] 从目前已有的纳米毒理学研究可见三个突出问题:"一是,发现了一系列复杂的毒理学现象,但是机制不清;二是,研究在大剂量、急性暴露下引起的毒性反应,虽然可用于'突发事故'的安全性评估,但对纳米材料含量低的纳米产品并不适用;三是,缺乏实际工作现场的研究,无法对生产场所的安全评价做出正确的结论。"[24] 问题已经明确提出,关键在于创建风险评估标准要有科学的数据做基础。因此,寻求科学的评估标准和控制风险的机制应从纳米技术研发主体——"人"切入,从责任伦理研究的高度,反思技术风险发生和防范特点,以推进技术哲学和技术伦理研究由表层深入实际,由批判发展到建构,丰富技术哲学和技术伦理理论的创生。

一般的伦理研究内容已经具有，并且关于设计伦理的研究也有文献发表，如江南大学的高兴所做论文《设计伦理研究》，还有相关技术设计伦理的外文文献可供借鉴，如 Jeroen van den Hoven 于 2013 年发表在 Richard Owen，John Bessant，Maggy Heintz 主编的文集 *Responsible Innovation* 中的 *Value Sensitive Design and Innovation Responsibility* 和 Job Timmermans，Yinghuan Zhao，Jeroen van den Hoven 合作发表在 *Nanoethics* 杂志 2011 年第 5 卷第 3 期的 *Ethics and Nanopharmacy: Value Sensitive Design of New Drugs* 论文，都探索了纳米制药技术风险及责任控制方法，但将纳米药物伦理研究置于设计伦理视角下的系统文献尚未见到。

本书将纳米制药技术伦理研究置于设计伦理的视域进行系统研究，具有极其重要的理论创新和实践意义。因为设计哲学是技术哲学的"硬核"，设计伦理又是设计哲学中具有实践品格和特征的重要方面。要想在设计伦理视域下研究纳米制药技术风险，前提是要运用科学理论和系统研究方法打开设计伦理这个"黑箱"，将设计伦理基本原理呈现出来，为后续研究奠定理论根基。故而本书在实践研究和总结的基础上，首先形成设计伦理的基本理论，然后将纳米制药技术风险及责任研究置于其中进行深入分析和实证研究，同时将价值敏感设计方法整合到纳米制药技术设计之中，最后以责任理论为基础提出"负责任创新"的责任控制机制。可见，本书实际已经超越了前期的基础研究，无论是在设计伦理和责任理论的基本理论研究和理论系统化方面，还是在纳米制药技术风险评估指标体系建构研究方面，都具有重要的创新意义和实际价值。

第三节 相关范畴界定

一、技术评估（TA）

技术评估与一般的技术风险概念相关。狭义的技术评估一般不考量社会风险，仅就技术自身的安全性进行评价，是限于科学方法的评价。而广义的技术评估是对技术的后果进行预先评价，它不仅在技术层面，而且还在政治、经济、伦理道德等层面进行预先评价。它强调的是评估主体应该考量的视野，既包括对正在研发的技术的可行性和后果的预测及评价，也包括对已经应用的技术并发现具有某种危险的技术的追踪和评价。[25]但它不同于建构性技术评估。

微观的医药技术评估主要采用成本-效益分析的医药经济学技术评估方法对药品产生的费用和带来的疗效进行量化，从而比较一种技术的价值。其特点是静态研究，理论预设的基础是技术的自然属性，它着重于对技术的科学性评价，一般不考量社会风险，仅就医药对人体的健康和安全影响进行评价，如药品的安全性评价，是限于科学方法的评价。一般情况下，医药技术评估是指"对某一技术的安全性和效用性进行评价或测试"[26]。这里主要是指科学方法的运用，如数学分析方法、成本效用分析方法等。尽管它是政策研究的过程，但与建构性的技术评估略有不同。

宏观的医药技术评估考量社会风险及由于对人体健康和安全影响的风险研究而引发的伦理道德、法律、心理、社会等影响。可见，宏观的医药技术评估在范围上放大了技术评估的视角，从而与建构性技术评估搭界。

二、建构性技术评估（CTA）

建构性技术评估首先被荷兰的 Nano Impuls 和 Nano Ned（国家纳米研究计划）的研究人员启用。它的含义是关注新技术在其发展的早期阶段给道德、法律和社会其他方面带来的影响，它更强调社会的诸多方面对技术过程的影响和改进。建构性技术评估意味着伴随新技术的发展，新技术给社会带来的影响也会同时演进，是一个动态过程。建构性技术评估是一种综合方法，其核心思想是："不仅要提出对技术后果的评估报告，更要关注技术发展的实际过程，促进利益相关者参与技术决策的讨论，并通过协商机制在技术的实际发展中建构技术。"[27]目前，北美洲和欧洲的研究人员广泛关注建构性技术评估，它与广义的技术评估相比较更加关注反向的社会作用的维度。它超越了预警式的技术评估，而将技术后果的预测转移至技术设计，期待将社会准则整合到技术设计之中。可见，建构性技术评估与一般的广义技术评估强调的重点恰好是相反的。

建构性技术评估的理论基础是技术社会建构论。关于技术社会观的研究在技术哲学中一般分为两派观点：一是技术决定论；二是技术社会建构论。技术社会建构论旨在强调技术的社会形塑（shape），是由多个利益相关者参与的动态评价技术价值的过程。建构性技术评估不仅关注技术的自在风险评价，而且考量技术的社会影响，如对人的健康、生态环境、社会公平和正义等诸多方面，显现技术评估的宏观视野，着重于对技术进行社会性评价，并期冀通过对技术的社会性评价反向建构技术。

建构性技术评估的主体一般包括三个方面，即技术角色、社会角色和调节角色，而狭义的建构性技术评估其主体主要是技术角色。技术角色关注技术的先进性和效率性；社会角色关注技术对文化、伦理、环境等方面的社会影响；调节角色关注政策制定和管理过程中的折中性。事实上，技术评估的任务不仅关注技术的合理性，而且关注政策的可行性。[28]

除此之外，评估和预测技术的结果，同时也要考量技术自身的动态发展。由此，评估结论的科学性才会获得保障。

无论是技术评估还是建构性技术评估，其根本的指南是价值标准。技术评估应该"在追求科学性的基础上，使其结果具有客观性、可检验性和可沟通性"[29]。技术评估的最佳方法是定量与定性的结合，其标准主要有二：一是科学合理性标准；二是社会合意性标准，前者注重定量研究，后者注重定性研究。本书试图将两者进行有机结合。

三、设计伦理（ED）

伦理学的研究注重关系间的利益平衡，设计伦理是伦理研究在技术设计阶段的体现。技术设计是技术哲学的"硬核"，因为诸多技术风险的控制从技术的源头设计上得以实现。设计伦理是研究技术在设计阶段利益关系及如何调节这些利益关系的原则和规范的基本理论。要做技术伦理研究首先要分析技术设计阶段的伦理关系，分析这些伦理关系具体表现的利益相关方面，从而确定和明确处理这些关系的基本原则和规范。

设计伦理的利益关系主要表现为技术设计者与使用者的关系、设计管理者与使用者的关系、政策制定者与使用者的关系，以及技术设计者、设计管理者和政策制定者这三者与社会的关系，其利益核心或基本原则是社会效益最优，风险最小化。

技术设计的决策受社会制约，这一点反映了技术设计中技术规范的价值特性。技术规范置于社会的文化背景之中，受社会的绝对命令，它区别于技术标准。如果说技术标准是技术的合理性和科学性指标，那么技术规范就是技术的具有合正当性与合理性统一的指标。因此，技术设计与技术规范紧密相关，而不仅仅是与技术标准相关，这就是技术设计的伦理（价值）嵌入。可见，技术规范本质上是一种社会规则。"技术设计是一种意义赋值过程，是把自身的和客观的意义赋予技术的过程，也是以技术意义和价值规范人和社会的过程。"[30]

四、负责任创新（RI）

"负责任创新"和"负责任的研究与创新"（RRI）概念的提出可以回溯到13年前。2003年，Hellstrom, Richard Owen等学者首先使用"负责任的研究与创新"[31]，以致发展到"负责任的研发"[32]，再到目前荷兰学者明确提出的"负责任创新"，发展至今，这个概念已经在哲学的意义上丰富了其内涵。2013年，以Jeroen van den Hoven教授为主席，欧盟委员会发布了一份研究报告——*Responsible and Research and Innovation*[33]，该报告明确定义了"负责任创新"即指技术研究者在技术设计的初始阶段，以一种责任感和使命感对待技术研发的各个环节，在进行技术设计的同时，考量伦理价值因素的嵌入，以确保技术造福人类的崇高目标。可见，"负责任创新"有助于解决技术发展中的"科林格里奇困境"。"科林格里奇困境"试图表明技术的后果在其发展的初期难以预测，由此人类在技术早期的预警是软弱的，技术风险的早期控制难以成为现实。[34]

如果说"科林格里奇困境"的尴尬存在，那么"负责任创新"真正的旨趣又何在呢？"负责任创新"突出了科技创新中技术设计者的责任和使命，在技术设计的源头上嵌入价值理性，超越了一般"责任"概念的原初之意。

研究技术的价值除了经济价值考量之外，归根结底要探索技术的社会文化影响，即探索人的价值，进入伦理学的研究视域。责任是伦理学的范畴，新技术的发展需要全球性的伦理学规范加以控制和引航。责任是全球性伦理规范的共同基础，它跨越国界和区域疆界，实现超越地域的价值取向的统一。

五、风险管理（MR）

风险主要包含两个方面：一是客观性风险，即技术自身的不确定性影响；二是主观建构性风险，即人们对风险认知和感知程度使风险放大产生的效应。管理学中的风险管理主要是研究客观性风险以及对这种风险的控制。技术化评估往往限定在评估风险的客观性，而涉猎对建构性风险评估的方法是指建构性的技术评估。前者是管理科学方法，后者是社会学研究方法，并且对评估结果难以计算。本书立足于风险管理的综合评价和考量，既有管理科学方法的研究（即量化的研究），也有社会学研究方法（即定性研究）。因为评估技术风险不仅要关注量的大小，还要考虑质的规定，所以做定量和定性分析的结合十分重要。对于复杂的技术系统，人们无法确切地预知系统内部要素之间是如何相互作用的以及系统与外部环境的相互作用关系如何，因此有时难以控制技术风险以及与风险相关的参数。由此，客观需要在研究方法上采用定性与定量相结合的研究，只有这样，才能防止因为数据的堆砌而忽略质的分析，或者由于质的抽象而淡忘数据的实证支撑。既要研究风险是什么？影响风险存在的因子有哪些？也要研究风险的程度如何？以及怎样防范风险的发生。按照风险管理理论的一般阶段，该项研究置点于纳米制药技术风险识别、风险评估及风险控制。可见，风险管理是一种管理策略，对技术风险的防范应建立在对技术风险的综合研究和评估基础之上，风险管理

第一章 纳米制药技术设计伦理研究的意义

通过系统地分析和评估各种危险因素并系统地消除或管理这些因素以达到安全的目标。[35]

第四节 研究思路及技术路线

本书共有七章：第一章为纳米制药技术设计伦理研究的意义；第二章为设计伦理基本原理；第三章为纳米制药技术伦理问题及根源分析；第四章为纳米制药技术风险及评价体系；第五章为纳米制药技术设计责任及责任分配理论；第六章为纳米制药技术设计责任控制机制；第七章为设计伦理研究展望。本书研究技术路线详见图1.1。

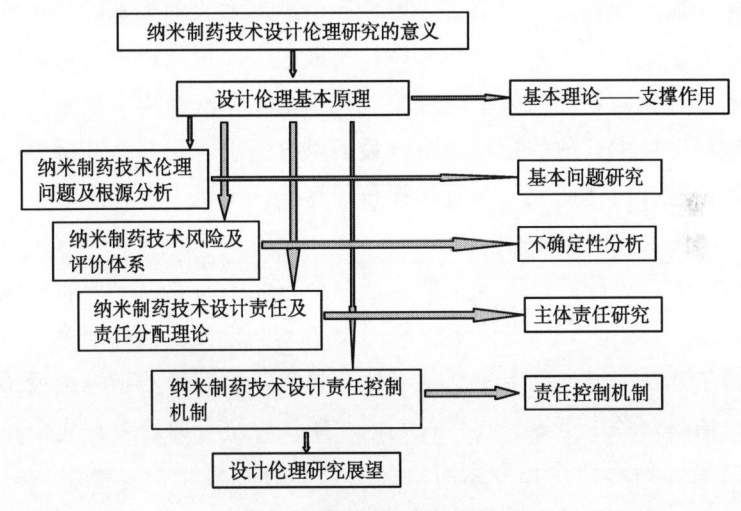

图1.1 本书研究技术路线图

本书各部分之间的逻辑关系是：①进行设计伦理基本原理研究；②揭示纳米制药技术相伴的伦理问题，并进行原因分析；③在原因分析的基础上进行哲学抽象，透过现象抓本质，揭示纳米制药技术设计风险是产生

13

药物应用风险（即伦理问题）的源头，从而追问设计者责任；④以风险管理理论和技术社会建构论为基础，建构纳米制药技术风险建构性技术评估的指标体系，预测纳米制药技术设计风险的现实可能性；⑤并进一步运用现代责任理论进行责任链的分析，阐明责任分配理论；⑥在相关研究基础上，从伦理、法律、政策、管理综合视角，建构有效管控风险的纳米制药技术设计责任控制机制；⑦得出研究结论。本书的各个部分结构严谨、理论基础雄厚、逻辑紧密、层层深入。

第五节 研究方法及创新点

任何一项研究都离不开特定的研究方法，科学的研究方法是实现研究目标的通道和手段。本书首先以设计伦理基本原理为基础，将价值敏感设计方法整合到纳米制药技术设计实践之中，进行伦理考量。其次运用技术社会建构论和风险管理理论，采用德尔菲法建构了纳米制药技术风险建构性技术评估的指标体系。最后以哲学思辨和系统分析方法，对责任理论进行深化研究。从哲学视角和高度，阐明责任分配理论的丰富内容，深化现代责任理论的内涵。

事实上，风险管理理论主要包括两个方面的研究：一要研究风险发生的规律；二要研究风险控制技术[36]。在对风险发生规律研究过程中，采用德尔菲法，请一组专家就纳米制药技术风险评价的指标进行预测。首轮评估时，各个专家自己自行判断；第二轮进行时，要首先公布首轮评估结果，然后请全体专家对前面的估计进行修正，以得出最终的结果。本书已经将管理学研究方法与哲学思辨的研究进行了有机结合。

本书的创新点在于：第一，将价值敏感设计方法整合到纳米制药技术的设计过程中，提出纳米制药技术风险评估应嵌入伦理评估的理论观点，并采用科学方法建构了纳米制药技术风险建构性技术评估的指标体系；第二，建构了设计伦理的"硬核"设计伦理规范体系，阐明"负责任创新"是设计伦理的核心范畴。在对药学实验设计及数据管理定量与定性分析的基础上,本书提出纳米制药技术风险控制的关键是设计的责任控制,并系统分析了责任链特征及设计责任性质,深化了责任理论研究。

本书将风险管理理论应用于纳米制药技术设计阶段进行研究和以系统分析方法研究纳米制药技术设计责任实属先例。它在最高层面上实现了"技术政策研究需要技术原理与政策原理结合"的境界。[37]

参考文献

[1] Safari J, Zarnegar Z.Advanced drug delivery systems: Nanotechnology of health design a review [J]. Journal of Saudi Chemical Society, 2014, (18): 85-99

[2] 程虎民.纳米科技与纳米生物学、纳米医学简介 [J]. 中国粉体工业, 2014, (5): 19-27

[3] 袁慧玲, 易加明, 张彩云, 等.纳米混悬剂的制备方法及给药途径研究进展 [J]. 中国新药杂志, 2014, 23 (3): 297-301

[4] 熊鑫, 邱智东.纳米技术在药剂中的应用 [A] // 中华中医药学会第九届制剂学术研讨会论文汇编[C]. 2014: 402-405

[5] 李绍林, 汪小根.中药纳米载药系统的研究进展 [J]. 现代医药卫生, 2014, 3 (30): 843-845

[6] 杨哲.纳米制剂技术在靶向制剂研究中的应用进展 [J]. 中国医学工程杂志, 2003, 11 (6): 63-67

[7] 谭文超, 左金梁, 吴秀君.纳米药物的药动学研究概况分析 [J]. 实用药物与临床, 2014, 17 (7): 906-910

[8] 李树学, 李德林, 李志杰, 等.纳米制剂研究进展 [J]. 北方药学, 2014, 11 (6): 61-62

[9] 郑爱萍, 石靖.纳米晶体药物研究进展 [J]. 国际药学研究杂志, 2012, 39 (3): 177-183

[10] 蔡晓辉, 陈宝安.抗肿瘤纳米药物载体的研究进展 [J]. 临床肿瘤学杂志, 2010, 15 (1): 90-94

［11］曹海强，闫金定，李亚平.癌症治疗的新希望——抗肿瘤纳米药物［J］.中国基础科学，2014，2：3-5

［12］池晴佳.纳米药物前景展望［J］.世界科学，2014，6：35

［13］魏丽莎，季艳霞，康振桥，等.肿瘤靶向纳米制剂研究进展［J］.国际药学研究杂志，2014，41（1）：68-74

［14］罗丹，王广基.抗肿瘤纳米制剂药代动力学评价的研究进展［J］.中国临床药理学治疗学，2013，18（2）：205-211

［15］Zhi Z L，Khan F，Pickup J C.Multilayer nanoencapsulation：A nanomedicine technology for diabetes research and management［J］.Diabetes Research and Clinical Practice，2013，100（2）：162-169

［16］Krol S，Ellis-Behnke R，Marchetti P.Nanomedicine for treatment of diabetes in an aging population：State-of-the-art and future developments［J］.Maturitas，2012，（73）：61-67

［17］邵建国.纳米制剂纷纷亮相［N］.医药经济报，2007-6-13，（004）

［18］耿志旺，何兰，张启明，等.纳米药物的监督管理［J］.中国药事，2012，26（9）：923-928

［19］Barenholz Y.Doxil ® — The first FDA-approved nano-drug：Lessons learned［J］.Journal of Controlled Release，2012，（160）：117-134

［20］常雪灵，祖艳，赵宇亮.纳米毒理学与安全性中的纳米尺寸与纳米结构效应［J］.科学通报，2011，56（2）：108-118

［21］王玉，王东凯，孙念.聚丙交酯乙交酯共聚物作为大分子药物载体的纳米及微米技术研究进展［J］.中国药剂学杂志，2009，7（3）：205-211

［22］赵迎欢，Jeroen van den Hoven.纳米药物的风险与控制［J］.医学与哲学，2010，31（7）：27-28

［23］白毅.纳米技术改善难溶性药物吸收前景光明［N］.中国医药报，2010-6-29（B02）

［24］姜宜凡，常雪灵，赵宇亮.纳米材料毒理学及安全性评价［J］.口腔护理用品工业，2013，23（4）：11-32

［25］胡必希.技术评估的方法与价值冲突［J］.王国豫编译.自然辩证法研究，

2005，21（12）：40-43

[26] 马尔施.生物医学纳米技术［M］.吴洪开译.北京：科学出版社，2008：157

[27] 邢怀滨.建构性技术评估及其对我国技术政策的启示［J］.科学学研究，2003，21（5）：487-491

[28] 邢怀滨，陈凡.技术评估：从预警到建构的模式演变［J］.自然辩证法通讯，2002，24（1）：39-43

[29] 莫日根，高达声.技术评估中的若干问题［J］.自然辩证法研究，1991，7（12）：40-43

[30] 王华英.芬伯格技术批判理论的深入解读［M］.上海：上海交通大学出版社，2012：165

[31] Owen R，Macnaghten P，Stilgoe J. Responsible research and innovation：From science in society to science for society，with society［J］. Science and Public Policy，2012，（39）：751-760

[32] National Research Council. National Nanotechnology Initiative（2007）［R］. USA，2006：751

[33] European Commission，van den Hoven J，Blind K，et al. Responsible and Research and Innovation［R］. Brussels，2013

[34] 肖雷波，柯文.技术评估中的科林格里奇困境问题［J］.科学学研究，2012，30（12）：1789-1794

[35] 潘建红.论现代技术风险与科技政策调控［J］.中国矿业大学学报（社会科学版），2011，（3）：29-32

[36] 周中仁.风险管理在药品生产监管中的应用研究［D］.河南大学硕士学位论文，2009

[37] 邢怀滨.社会建构论的技术界定与政策含义［J］.科学技术与辩证法，2004，21（4）：46-49

第二章
设计伦理基本原理

技术哲学的"硬核"乃为技术设计,因为设计是技术过程的起点。任何一项技术都有生命周期,也是技术过程性[1]的体现。而在技术的生命周期中,设计是起始阶段。仅以药品为例,药品的生命周期包括研发、生产、经营、使用和质量监管全部流程。由技术引发的相关伦理问题和社会影响,无不与技术设计相关。"人类对技术的设计就是设计人类的生存方式。"[2]

第一节 设计伦理理论概述

一、安德鲁·芬伯格的技术设计思想

安德鲁·芬伯格(Andrew Feenberg)是加拿大技术哲学家、新一代

法兰克福学派技术批判理论的代表。在技术哲学传统中，技术的工具主义理论认为，技术自身并不负载价值，技术是中性的，仅服务于使用者的目的。芬伯格的技术批判理论试图通过寻找一种替代性的技术实现对现存技术的批判。他承认技术给人类带来的危险，并把技术融入现代性的语境中进行研究，揭示社会因素在技术发展中的形塑作用，形成了在技术与社会的关系中把握技术的社会建构论研究视角。

芬伯格在研究社会对技术的影响时，阐述了技术设计思想。他认为在技术设计时，不仅要考虑传统的效率标准，而且要考虑社会的道德、审美和环境等价值因素的影响。既要考虑利益相关者的不同利益需求，也要激励公众参与技术设计，实现技术设计的民主化。他认为，技术应该通过具体化的技术设计将环境、道德、审美、法律、文化等因素内化于技术之中，以利于技术朝着符合人类利益和人类需要的方向发展。

芬伯格的技术设计思想关注技术的价值，实现了对技术工具论的超越。将价值理性嵌入技术设计之中，将技术问题的解决置于问题产生之前的预设之中，不仅是解决技术问题的方法，而且是研究技术哲学新的思维方式。[3]

今天，社会建构论是社会科学对科技政策的重要贡献。技术建构论关注技术与社会的互动关系，社会的政治、经济、文化、生态等诸多因素对技术的形成和发展产生了影响。建构性技术设计思想就是要解释哪些因素在技术设计阶段对技术的形成产生影响？这些影响是怎样发生的？这些因素之间的关系是怎样的？它们是如何在技术设计阶段对技术的形成发生协同影响的？其协同作用的途径又有哪些？等等。社会建构主义认为，"技术发展囿于特定的社会情境，技术活动受到技术主体的利益、文化选择、价值取向和权利格局等社会因素所决定"。"技术主体在支配和控制技术方面'具有'主体性地位和责任。"[4]技术的形成、发展等都与技术主体的价值目标紧密相关。

芬伯格的技术设计思想不仅关注社会对技术的影响，也关注技术设计主体价值取向和价值选择对技术的形塑。主体需要、价值意识、价值理念、价值选择等要素都是技术设计的内在伦理考量。他认为技术选择即是利益选择，而利益关系是伦理的本质。因此，在芬伯格的技术设计思想中自在地蕴涵着技术设计伦理思想。他深刻地研究了技术设计主体的意识，采用深描方式研究技术设计。不同技术设计的目的决定了技术的两面性，即价值性。价值与伦理具有内在关联，因为价值只能存在于主客体的关系之中，而在诸多关系中，伦理关系是最根本的关系。建构论技术观试图把蕴含在技术内部的深层文化因素挖掘出来，对技术设计进行社会学分析，突出强调技术与社会的相关性，看到了技术社会建构中的利益异质性。正是由于芬伯格看到了技术社会建构中的利益异质性，他认为现代性是一个悖论概念，具有破坏性。现代性是指"社会生活或组织模式"，它以前所未有的方式把人们抛离已有的社会秩序而形成其生活形态，从而确立了超越全球的社会联系方式。[5]本书在借鉴芬伯格合理技术设计思想的基础上，以一个全新的建构性技术评估视角，考量纳米制药技术风险控制的主体责任，将风险和责任控制的滞后性一扫而光，而置于预警性控制的前卫思考。

二、荷兰学派的技术设计伦理——价值敏感设计

进入 21 世纪以后，关于技术设计伦理研究在全球范围内蓬勃兴起。客观上看是现代高技术迅猛发展，随之相伴的伦理问题的出现激发的思考。技术设计伦理研究的发展促进了技术哲学研究实现了真正意义上的"经验转向"，并进一步实现了技术哲学研究的"伦理转向"和"价值转向"。技术在发展中的价值追求、技术伦理困境的消解、技术风险的预警和防范，以及技术的健康和可持续发展，都对技术设计思想提出了进一步开发的视域。荷兰学者在研究中率先提出嵌入价值考量的设计方法，即价值敏感设计（value sensitive design）。

价值敏感设计聚焦技术设计的初始阶段，将公平、透明、安全及可持续等价值因素融入技术设计的过程之中，着力解决技术设计中的利益冲突，避免技术的困境产生。尽管这种设计方法最早起源于计算机科学技术领域，但今天已经被技术伦理学家拓展和移植到所有的高技术领域伦理问题的解决之中而成为一种工具方法。荷兰学者 Jeroen van den

Hoven 教授在介绍技术使用和管控道德时提出这一思想和设计方法。他认为，"伦理以好坏和正误解决问题，这种问题的解决不仅在于研究技术系统结果的固有价值，而且应包含怎样设计技术以避免道德困境的考量"[6]。可见，价值敏感设计方法聚焦技术设计中的价值考量，其理论基础是技术负荷价值。价值敏感设计方法旨在协调工程、技术设计或创新中不同的或对立的价值观[7]，在一定意义上它并不追求提供成熟的设计方法，而是被视为提高现有设计过程的工具[8]。价值敏感设计要求在技术设计中考量包括公平、平等、尊重、自主等价值因素。由此可见，技术设计伦理已经将研究的重点由技术过程的后续阶段前移至技术的起点——设计阶段，并在设计阶段聚焦利益关系，考量价值因子，期待通过技术设计这一源头控制实现对技术生命周期中技术风险的预警及防范，以消解技术的伦理困境和克服伦理问题。

将价值敏感设计方法整合至纳米制药技术设计的研究视域旨在有效解决安全（对人健康影响）、可持续（对生态和环境影响）及公平和正义（对社会影响）等伦理问题。

三、利益相关者理论在设计伦理中的理论地位

利益相关者理论是现代企业社会责任的理论基础。早在 20 世纪 20~30 年代，多德（Dodd）等提出的利益相关者理论（stakeholder theory）就认为，企业不仅要考虑股东的利益，也要关注员工、消费者、社会等其他相关者的利益。以后的利益相关者理论的代表巴蒂亚·弗里德曼（Batya Freeman）进一步认为，企业履行社会责任最终将有助于企业实现可持续发展，从而为所有者实现长期价值。[9]

利益相关者理论从宏观视野分析的是企业主体的社会责任，而从微观视域研究，可以采用移植法将其迁移到技术设计伦理研究之中。在技术设计阶段，考量利益相关者的利益可以为技术设计提供价值选择目标。相关技术设计的利益相关者包括技术设计者，即研发人员、技术管理者、技术政策的制定者和技术的使用者。

现实的主体不是单一超越联系的独立个体，任何主体都不能脱离一

种关系而存在。主体间性是相关利益主体联系的本质展现。无论在技术生成之初，还是在技术渗透、生长和演进阶段，利益相关者之间的协商都是解决技术伦理问题的途径之一。有时为了消解技术伦理困境，存在着利益相关者之间的博弈。不同的利益相关者具有不同的技术范式，需要整合和协同。可见，利益相关者理论为设计伦理研究锁定了相关责任研究的主体。

四、现代责任伦理学派思想的演进

现代责任伦理学派的代表是汉斯·尤纳斯（Hans Jonas）。尤纳斯在指出责任伦理核心思想时突出可持续的理念和责任，他认为人类今天的技术创新不仅要关注当下的伦理，还要考量远距离未来的伦理。

伴随高技术的发展，责任伦理研究及其思想已经从技术设计的视角回归到技术主体责任的考量，即荷兰学者提出的"负责任创新"[10]，并认为"责任是一个哲学概念"[11]。

责任是人们在一定道德原则指导下形成的义务感和自我评价能力，是一种使命意识。它具有很高的境界，是超越一般义务概念的哲学范畴。从主体类型的差异视角划分，责任包括个体责任和群体责任；从责任的性质不同视角划分，责任分为法律责任、道德责任、经济责任和社会责任；从责任的层次视角划分，责任分为一般责任和特殊责任。在伦理意义上，责任是一种组织的道德承诺。一种伦理框架会支持一种伦理实践，因此，建构具有责任意义的伦理框架势在必行。所谓伦理框架即为一种工具或模型，或一套对行为进行伦理分析的运算法则。丰富责任分配理论不仅在于一般意义的描述和笼统的概要，更应该以一种逻辑关系建构具有可操作性的理论框架。在寻求一般规律的基础上，提供一种具有"放之四海而皆准"的研究方法。目前的研究已经提示出责任研究应融入效用主义方法、权利方法、正义方法、公共必需品方法、美德方法，但尚未有研究对这些方法的益处进行比较。

当代学者对发展现代责任伦理学派的思想做出了重要贡献。"负责任创新"是伴随现代高技术发展而产生的哲学新概念，其本意在于强调技术实践者在研发技术的全过程中嵌入价值理念,将价值理性与工具理性统一于技术创造发明的设计实践之中。它作为一种防范技术风险"源头"治理的理念和手段,日益为高技术研发工作者认同、接受并践行。"负责任创新"对于自身的存在和发展而言,其内在的特殊规定性在于它强调价值预设。对于其他事物而言,其本质区别在于它是"信念伦理"。

"负责任创新"是设计伦理的核心范畴,它的主旨在于考量研发主体在技术设计的初始阶段,将责任嵌入技术设计的实践过程,是技术设计者的价值选择。它不仅强调对社会负责任的经营方式,而且针对高技术开发提出对社会负责任的创新方式;它不仅涉及可持续发展、安全和健康,而且包含价值关注,如问责、透明、人对自然的干预等普遍的道德和社会问题[12]。其概念的形成具有一个从宏观和广大到微观和细小的过程。

首先,从宏观上讲,最初学者将"负责任创新"置于高技术开发的全过程中,它不仅关涉技术设计,而且关涉技术的决策、管理、使用等诸多环节。Richard Owen 在其论文 *Responsible Research and Innovation: From Science in Society to Science for Society, with Society* 中指出,在过去的 20 多年里,"负责任的研究与创新"在欧盟政策背景下广泛发展。直到 2011 年才有了一个比较清晰的定义,即"负责任的研究和创新是由社会行动者和创新者对创新过程和显著成果在伦理的可接受性、可持续性和社会愿望方面一致的一个透明的互动过程"。2012 年,经过学者讨论,进一步深化了该定义并强调"研究和创新必须回应社会需求和目标,反思价值和责任"。同时,学者呼吁"我们的责任如政策制定者应形塑治理框架以鼓励负责任的研究与创新"。将其引入政策学研究,并使之政策学与伦理学研究有机融合,开启了政策伦理研究的新视域。可见,此阶段负责任的研究与创新的外延是博大和宽泛的。在此基础上,该文章明晰了负责任的研究与创新应具有的三个特征:科学研究的社会化和民主化、科学研究与社会目标一致的制度化、重新规划责任。[13] 由此将"负责任的研究与创新"在概念上引入微观和精致研究。

其次,从微观上讲,伴随荷兰学派技术设计伦理研究的深入,负责任的研究与创新概念的精致已经彰显。从 2011 年 Jeroen van den Hoven 提出"负责任创新包含价值关注",到 2013 年以 Jeroen van den Hoven 为主席提交给欧盟委员会的报告 *Responsible and Research and Innovation* 和 Jeroen van den Hoven 的论文 *Value Sensitive Design and Responsible Innovation* 发表,都将名词锁定在"负责任创新",意在聚焦技术设计而凝练了概念的内涵和外延。

在涉及技术设计工具方法的研究之时,人们自然会想到价值敏感设计。尽管这个概念起源于计算机研究,但是将其移植到普遍的高技术研究领域作为一种理论和工具方法以应对和解决技术设计中的伦理问题和防控技术风险意义十分重大。Jeroen van den Hoven 在论文 *Value Sensitive Design and Responsible Innovation* 中以电子病历系统或智能电表的创新设计为例指出,一个真正的创新设计应该具有预期或预设的道德考量,并将这种道德考量嵌入技术设计的过程之中,以协调效能、可持续性、隐私、安全等价值,这将有助于工程师在技术研发的早期阶段聚焦这些价值因素,使创新设计做得更好。[14]可见,"负责任创新"的主旨在于聚焦技术设计的价值理性,并从价值链上将道德考量置于创新性技术设计的起始阶段和技术风险的"源头"治理。

第二节　设计伦理规范体系

拉卡托斯的科学研究纲领理论认为,科学研究纲领是一组具有严密的内在结构的科学理论系统。它由中心是"硬核",周围是"保护带"两部分构成。硬核就是这个科学研究纲领的核心部分或本质特征,它决定着研究纲领发展的方向。科学研究纲领之间的不同,关键在于硬核不同。伦理规范体系是应用伦理学的硬核,因为应用伦理学本质上是规范伦理学。设计伦理是技术设计实践中关联伦理现象和伦理关系的系统化哲学思考。在伦理学规范体系中,伦理原则是带有根本指导方针的行动准则，它具有无条件性、稳定性和绝对命令性。设计伦理规范体系研究首先要从伦理原则研究开始；其次研究在原则基础上派生的伦理规范；最后要研究反映伦理现象和伦理关系的本质概念——范畴。当然，在全部设计伦理规范体系研究中，应始终贯穿设计伦理研究方法。

一、科学性与人文性相统一是设计伦理的原则

一般而言，伦理原则是贯穿一系列设计活动的根本指导准则。我们认为，公益原则和效用最优原则是设计伦理的基本原则。这两项原则的确立，从客观上折射出技术设计中科学标准和人文标准的统一。

公益论思想渊源于功利论，而功利论思想的渊源应追溯至边沁（Bentham）和密尔（Mill）的功利主义以及近代西方哲学的价值论思想。"功利主义者的行为标准并不是行为者本人的最大幸福，而是全体相关人员的最大幸福。"[15]公益（public welfare）原意是指公众的福祉和利益。公益内含"大多数"的概念。利他主义的功利主义强调大多数人的幸福是行为的根本准则。可见，狭义的公益概念是限定在大多数人共有的公众福利的[16]。这种认识基点导致了人们一谈到公益，仅想到社会回馈，以致步入认识上的误区。随着实践内容的丰富，公益的概念含义已经超越了功利主义的原初之意，扩展到"利益相关者"（stakeholder），即与主体利益相关的在一定范围内均属于"大多数"。对这些"利益相关者"福祉的维护也是公益性质。例如，对技术产品的使用者，即消费者、用户利益的保障，员工健康的关怀，社区环境的维护等，同样是具有公益性质的行为。

任何一项技术的设计都不可能十全十美，不可能将所有人的个性化要求都囊括其中，但是，平衡利益的标准是以满足多数人的愿望和要求为准的。技术设计的伦理考量也应以满足多数人的需要为原则，因此它符合功利主义的价值准则和追求。公益原则旨在考量技术设计的人文意蕴，它反映技术设计伦理的一个层面。此外，在进行技术设计的伦理考量时，还要考虑技术效用最优。而要达到技术效用最优，就要运用系统方法进行研究，调整结构使之功能最优。可见，调整结构本身已经自在

地涵盖了技术设计的技术方法和原则指引。

技术效用是指技术满足使用者需要的属性。技术效用最优原则是设计伦理的科学性要求。设计的科学性与设计正当性具有内在关联，这也是科学标准与伦理考量相统一的根本所在。

"技术设计是人对于具体的技术客体的观念建构"[17]，设计技术分为微观设计和宏观设计。微观设计的标准主要是技术规范（含技术标准），这是设计科学性的体现；而宏观设计的标准具有社会建构性，蕴含和嵌入了多种社会相关因素和利益相关者的不同利益需求。宏观的技术设计既要考虑客户的需求，又要考量社会人文因素。设计科学性原则旨在考量微观的技术设计。

科学性原则要求技术设计的标准要与科学标准一致，换言之，技术设计是以一定的技术规范为准则而进行的技术创造。而技术规范是在技术实践中总结的具有实践指南作用的技术性规则和标准。它涵盖技术标准的内容，但它又高于技术标准，是以科学研究数据为支撑的技术设计指南。如果没有技术规范，技术设计将无法进行。在技术规范制定和确立过程中，人们始终会把技术效用内涵其中，换言之，如果技术规范是纯技术性操作指南，那么技术效用就是技术实践追求和要达到的真正目标。如果说技术效用是目的，那么技术规范就是达到技术目的的手段。

如果说公益原则侧重考量人文品质，那么效用最优原则就是检验科学性的标尺。而从更高意义上讲，效用最优原则也是实现公益原则的基础和保障，二者的辩证统一是设计伦理学强调的基本原则。

二、技术规范框架与伦理规约共价是设计伦理的规范

规范（code）与规约（stipulation）在名词意义上就是规则和标准，其效力是对主体行为给予约束。在西方伦理学研究中，最早提出规约概念的是考尔贝格，他在论及道德意志的发展理论中首先使用这一名词。他认为道德发展分为三个层次：一为"前规约层次"，包含着将"正当"作为主体严格接受权威和法则，符合个人利益与目的的权利；二为"规约层次"，包含着将"正当"作为主体在社会中为维护社会或集体的

福利必须履行的义务；三为"后规约层次"，或"原则化层次"，包含着主体在维护社会基本权利与价值，维护社会最大多数人利益的全过程中接受全人类能够遵循的普遍性伦理原则的指导，进行正当性行动的理由就是接受普遍性伦理原则的有效约束，规约是正当行为的价值尺度。[18] 在名词意义上规范与"规约"同义。作为一个框架，其中的要点是多重的，它不仅仅停留于单一的条文之上，而且具有内在逻辑和关联的体系。

设计伦理规范是主体在技术设计实践中应该遵循的伦理准则。它在技术设计实践中协调伦理关系，是技术设计者行为符合伦理要求的准则。建构设计伦理规范必须考量伦理关系及伦理规范功能和价值的实现条件。一般而言，技术设计过程中伦理关系的反映主要表现为技术设计者与服务对象即客户或技术产品使用者的关系；技术设计者与同道之间的关系，包括与技术管理者、技术决策者、其他技术设计人员的关系；技术设计者与社会的关系，即技术设计者与自然的关系、与社会公共利益的关系、与技术自身发展的关系。为有效协调各个方面的伦理关系，必须将技术规范框架与伦理规约架接和联姻，使技术设计者在执行技术规范和标准的同时，协调伦理关系。而伦理规范功能和价值的实现条件至少应该符合两个条件：一是规范的内容应该为一定的共同体和个人所接受；二是规范的建立应以理性的价值共识为基础。这恰恰是规范有效性的具体体现。普遍接受的规范命令是权威性的，而且是"非个人性"的。关涉技术设计的技术规范框架，我们借鉴荷兰学者安珂•霍若普的观点，要做到"务实完整、认可、遵守"[19]。"务实完整"关涉技术设计过程的技术规范和技术标准是否完全和全面；"认可"关涉技术设计过程中主要问题的可接受性；"遵守"关涉技术设计过程中技术规范框架是否自觉或部分被强迫执行的情况。而尊重谦和、审慎严谨、求是创新是彰显技术规范框架与伦理规约共价特征的设计伦理道德行为规范。

尊重谦和用以协调技术设计者与服务对象即客户或技术产品使用者关系；协调技术设计者与同道之间的关系，包括与技术管理者、技术决策者、其他技术设计人员关系的行为规范。尊重表明利益关联者双方地位平等、人格平等、权利平等，在平等的基础和前提下解决关联技术设计的相关问题和诉求，从而最大限度地确保人的自主性和尊严。谦和表明利益关联者双方相互的态度，尤其在对待意见不同问题上求"和"的行为方式。它是解决"同道"关系的规约。

审慎严谨用以协调技术设计者与自然的关系、与社会公共利益关系的行为规范。审慎是精益求精的品质。在协调技术设计者与自然的关系时，要求技术设计者不仅要尊重自然规律，而且要尊重社会规律；在协调技术设计者与社会公共利益关系时，要求技术设计者关注技术风险，关注设计成果的不良社会后果，尤其要以一种预警式的战略眼光谋划技术设计。严谨既是实践主体的一种品格，也是一种学风，它要求技术设计者踏实勤奋、业务精良。

求是创新用以协调技术设计者与技术自身发展关系的行为规范。求是就是以一种科学的态度去研究规律，就是以科学精神去探索实践。创新就要做到超越，超越前人的研究、超越已有的发明乃至超越固有的思维方式和传统观念。

当然，设计伦理规范与设计伦理原则具有内在一致性，它们都是指导技术设计主体践行道德准则的外在基本准绳。能否将原则和规范内化于心、外化于行，从事物发展规律的角度分析，仍需要有一个从他律到自律再到价值目标形成的践履过程。

三、安全与可持续是设计伦理的一般范畴

范畴是反映客观世界普遍联系和发展规律的最基本概念，是人们掌握和认识客观世界规律性的工具。在伦理学规范体系中，伦理原则是"纲"，伦理规范是"目"，伦理范畴是"纲"与"目"相交织形成的道德网上的"纽结"，因此，研究设计伦理基本原理，伦理范畴是题中之意。若没有伦理范畴，伦理原则和规范就不能交叉、依辅、联系，因而就难以构成完整的有机体系。正如列宁所说："范畴是区分过程中的一些小阶段，即认识过程中的一些小阶段，是帮助我们认识和掌握自然现象之网上的网上组结。"[20] 由于伦理范畴是反映设计伦理的本质概念，所以它具

有动力特征，是行为主体行动的源泉。设计伦理范畴的确定依托于设计的自身特性和设计者的行为动机。在技术哲学中，技术设计是将人们头脑中的设计思想和设计思路具体化的过程，它以设计图纸、图样或设计文件的形式加以表现，是人脑智慧的表现和象征。设计者的行为动机要与社会需要目标一致，既要符合技术设计的自然属性（即效用性），又要满足技术设计的社会属性，即考量社会经济、伦理、政策、生态、法律等诸多方面的因素并使之协调，以实现技术的正价值。

安全（security）是指通过持续的危险识别和风险管理过程，免除了不可接受的损害风险的状态。在高技术快速发展的今天，对安全的理解是一个动态过程，这是由技术的复杂性相伴而生的。没有危险是安全的本质属性。没有危险即表明从外在来看不受威胁，从内在来看没有隐患，因此，安全的时空属性表明它是不以人的意志为转移的客观状态。技术哲学原理指出，技术具有内在的效用性和外在的社会价值。通过考察技术的自然属性人们会发现，技术的价值负荷是先在的，"技术价值的自然属性是在技术不与主体目的发生必然联系的情况下的自然反应。这是在抛开技术主体目的和动机的情况下的自然分析，是舍弃目的的或在某种情况下与善的目的相反的技术成果的自然性质"[21]。安全作为一种客观状态并非是实体性存在，而是表现为没有危险的属性。尽管风险是一种不确定性但技术设计要做到安全，必然要考量风险。安全在技术设计中的一个客观要求是用可靠性代替功能性。

可持续（sustainability）是设计要求的生态学分支，是设计伦理中技术与自然关系以致诱导的技术与社会发展关系的伦理考量。它一方面表明技术设计对自然和环境产生的影响；另一方面反映人类在技术设计实践中对自然资源的公平利用。显失公平就无法做到可持续，尤其在资源的利用和共享方面要实现代内公平和代际公平，理应在设计技术时走"资源节约"和"环境友好"之路。只有如此，今天的人类才会找到摆脱生态危机的出路，以实现人类不断发展的目标。

安全与可持续有时在"个性化"技术设计中难以一致和统一，例如，轿车的设计，节能就要减重，而减重就会导致不安全因素的出现，如车体钢板的硬度和重量之间的正比关系，但追求二者的一致始终应该成为技术设计的灵魂。

四、"负责任创新"是设计伦理的核心范畴

"负责任创新"既要考量微观的技术设计，又要考量宏观的技术设计。其责任履行是一个技术过程或技术的生命周期。将"负责任创新"作为技术设计伦理核心范畴的提出实属首次。责任是主体对实现目标的一种认识和使命。考察一种技术设计是否符合"负责任创新"，要看其风险是否最低。

当我们将"负责任创新"作为设计伦理范畴加以研究时，诠释其概念的含义及揭示其本质就成为首要的任务。那么，究竟如何解读"负责任创新"的含义、特征及本质属性呢？为了实现科学性的解读，我们不妨先解读责任的概念。

责任是伦理学的基本范畴。在传统义务论中，责任等同于义务，即对人们行为准则的规定，责任是社会对个人的一种规定和使命。通常责任是指一定的社会条件下，对个人确定的任务及活动方式的有意识地表达或规定个人应尽的义务。马克思说过："作为确定的人，现实的人，你就有规定，就有使命，就有任务。至于你是否意识到这点，那都是无所谓的。这个任务是由你的需要及其与现存世界的联系而产生的。"[22]可见，责任根源于现实的社会关系，是现实道德关系和个人道德活动方式的有意识的表达。

当下学者对责任有多重理解。荷兰学者 Ibo ven de Poel 将责任分为九种：作为原因的责任（responsibility as cause）、作为任务的责任（responsibility as task）、作为权力的责任（responsibility as authority）、作为能力的责任（responsibility as capacity）、作为美德的责任（responsibility as virtue）、作为义务的责任（responsibility as obligation）、作为责任制的责任（responsibility as accountability）、作为过失责任的责任（responsibility as blameworthiness）、作为债务的责任（responsibility as liability）。[23] "负责任创新"中的责任至少应包含前七种，因为这七种是具有动力特征的责

任因子，它们不同于具有惩戒作用的最后两种。换言之，从性质上看，前七种责任是伦理道德责任，而最后两种责任是法律责任。

伦理道德责任与法律责任是两种根本不同的含义。道德责任不以享受某种权利和获取某种报偿为前提，是依靠人们内心信念自觉自愿履行的社会职责。它是人们在理解和认识了社会关系的客观要求，从而在自觉地承担自己的使命、职责和任务的基础上形成的内心信念和道德责任感。因此，它具有动机的前置性特征。而法律责任是一种外在约定，具有结果的后置性特点。

研究"负责任创新"就要力图深刻揭示其本质，并彰显其动力作用。"本质"是"关系"的范畴，本质应该有三个方面的内涵。第一，"根据是内在存在着的本质，而本质实质上即是根据"。第二，"凡是一切实存都存在于关系之中，而这种关系乃是每一实存的真正性质"。"关系是自身联系与他物联系的统一。"第三，"规律是本质的关系"[24]。依据上述关于本质的规定人们可以知道，本质是"实存"的根据，本质与现象具有同一性；本质通过关系加以揭示；本质与规律是同等的概念[25]。因此，人们理解事物的本质往往表现在两个方面：一是相对于自身的存在和发展揭示其内在的特殊规定性；二是相对于其他事物揭示它们之间的本质区别。正如前所述，"负责任创新"对于自身的存在和发展而言，其内在的特殊规定性在于它强调价值预设。对于其他事物而言，其本质区别在于它是"信念伦理"。

信念是包含认知、情感、意志的心理过程的统一体。责任伦理有广义和狭义之分。如果我们把伦理分为狭义的责任伦理和信念伦理，那么两者的区别是十分明显的。信念伦理是广义的责任伦理所包含的内容。信念伦理具有前置性和心理过程性特点；狭义的责任伦理具有后置性和现实显在性特点。如果从责任链上加以分析，信念伦理处在责任链的前端，而狭义的责任伦理处于责任链的末端。两部分综合起来是广义的责任伦理（图2.1）。

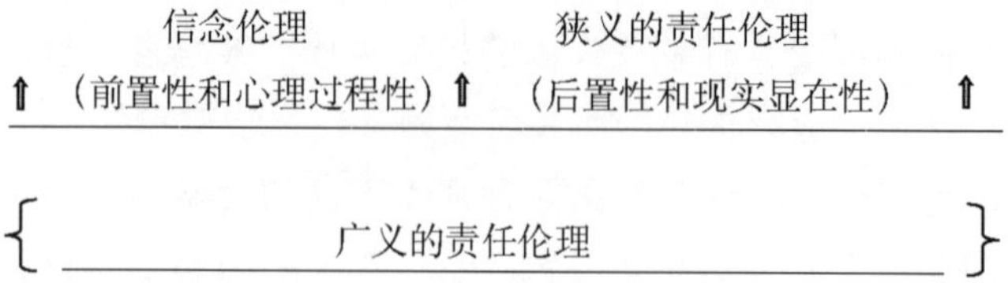

```
        信念伦理                    狭义的责任伦理
    ↑（前置性和心理过程性）↑    （后置性和现实显在性）    ↑
    ┌─────────────────────────────────────────────────┐
    {              广义的责任伦理                       }
    └─────────────────────────────────────────────────┘
```

图 2.1　广义的责任伦理

可见,"负责任创新"作为一种信念伦理蕴含了责任的特征,并在实践中表现出内在的自觉,是设计伦理的核心范畴。

第三节　设计伦理研究方法

一、技术风险评估方法

技术风险研究是风险社会问题研究的重要议题。风险是事物发展过程中的不确定性。凡是事物或事件均具有风险,就量而言,风险有大小和程度高低之分;就质而言,风险的性质显示为负面性,通常人们会将风险理解为事物发展过程中可能给关涉对象带来的危害或损伤。凡是风险都有发生的源头,技术风险是由技术研发和技术实践引发的与关涉对象有直接利害关系的不确定性表现。纳米技术风险是由纳米技术研发和实践引发的与关涉对象有直接利害关系的不确定性表现。利害关系是利益的具体存在,而利益是伦理研究的基本问题和本质体现,故而谈及技术风险必然关涉伦理考量,抛开伦理关系论风险是缺少根基的空谈。根据风险社会理论的提出者贝克的观点,可以将风险分为三类:一是可接受的风险,即在一项活动中存在的风险非常低以至于不需要额外的努力进行处理的风险;二是可容忍的风险,即归于人造的或工程的纳米结构材料,指这是值得追求的新技术,但需要更多的努力来降低风险;三是不可容忍的风险,即一般由专门的易爆性纳米材料构成[26]。其划分标准是风险与效益的权衡。贝克指出:风险的概念与危险和灾难不同,它是一种可能性，意味着控制与失控[26]。风险的本质是人们的一种认知体验，是融合社会、文化和心理因素在其中的认知体验，它是建构性的。今天尽管风险尚未发生，但是人们的风险意识和对风险的认知程度在提升，风险属性在放大。

技术评估的理论基础是技术的两重性和技术价值的两重性理论。一般的技术评估是指采用技术方法预先或对技术应用后的结果进行评价。预先的技术评估与技术预测相关联，是技术风险预警的必要手段，而对技术应用后果进行评价，旨在将评价结果用于反馈到技术设计以改进技术或者交付决策。与一般技术评估不同的是技术风险评估更强调预警，是对技术负面效果进行的可能性预测，其具体的表达可能具有现实性，也可能是仅仅具有可能性，它以一种不确定性表现为或然性。

设计的责任控制实质是技术风险控制和管理。以纳米制药技术设计考量上述要素不难看出，人类的需要主要表现为健康和生命需要；材料选择主要受可持续理念决定；设计原理与方法主要是药学原理及理论；动力来源主要是制药技术设计者（designers）。控制制药技术风险必然连带设计者责任。设计实践在一定意义上是一种责任实践。设计与责任的对应关系是天然存在的，因为它内在地要求设计者应该关注设计人工物（成果）的社会后果。而对人工物社会效果的关注本身是设计者责任感和责任意识的体现。

设计伦理不是空泛的，它关注人与利益的关系。纳米技术负面效应主要表现为生物毒性和环境毒性。欧盟负责任的纳米技术创新规范等都强调进行纳米技术风险管理和责任控制。由此看出，进行纳米技术风险评估不仅是技术评估，更重要的在于技术的伦理评估，确定行为的正当性及正当性原则。而伦理评估内在地将成为链接政策制定的一个基本要素。在进行伦理评估的过程中，应该将风险做等级划分，并同时注意科学有效性在伦理上的重要性[27]。

哲学家讨论的是伦理学和哲学标准，是非技术性标准；而科学家讨论技术性标准。但原则性标准与技术标准相关，并应该以技术性标准（数据）做依据。科学标准的缺失，将导致评价技术风险的标准会是不恰当的标准，因此要实现责任控制首先要确立科学的技术评价标准，做技术风险评估。因此，纳米制药技术风险评估理应从技术与人的健康、技术与生态环境安全和技术与社会关系三个伦理维度切入，通过量化方法和定性分析，度量风险的质和量的影响，实现人类思维从具体到抽象，再由抽象到具体的两次飞跃，促进纳米制药技术风险评估的科学性和合理性，并呈现螺旋式上升的研究进路。

二、价值敏感设计方法

价值敏感设计是利用计算机加密技术和匿名技术实现对个人信息和隐私保护的工具方法。最早是美国的巴蒂亚·弗里德曼[28]在计算机领域和信息通信技术（ICT）研究中提出并实践的。以后，荷兰学者对这一工具方法给予概念上的创新、深化和发展。Jeroen van den Hoven认为，价值敏感设计是技术设计的一种理论方法[29]。它旨在以一种原则的和综合的整体视角方法说明贯穿设计过程的人的价值。它是由概念的、经验的、技术的方法组成的。它要求技术设计者在设计的起始阶段理应将隐私保护置于伦理考量的内在要求之中，通过道德的设计和责任设计实现技术对个人健康数据和隐私保护的约定。[30]这种方法是技术研究及其应用的必然要求，也是创新责任的内在要求。

价值敏感设计作为概念的方法，旨在强调设计过程中起始阶段的价值预设，要求设计者将价值理性嵌入设计之中，以实现技术设计的正当性。价值敏感设计作为经验的方法，旨在强调设计过程中的价值指引和价值展现，要求设计者在技术设计过程中按照道德原则行动，以确保技术设计实现科学性与价值性的统一。价值敏感设计作为技术的方法，旨在强调设计中的方法原则，要求设计者将富含价值因素的方法具体运用于技术实践，以实现对动态和快速发展的不确定性和急迫性道德问题的解决。尽管前述提及价值敏感设计方法作为一种工具方法而存在，但在这种工具方法中铰接着价值理性判断。它不是纯粹意义上的工具理性，而是富涵价值理性的选择。

纳米制药技术的伦理及社会影响在先前已有研究。为有效解决相关问题，增强和实现纳米技术对医学和药学的承诺，有必要将设计的纳米药物中的责任转移进行分析，与此同时，要全面诠释纳米药物设计中的价值敏感设计概念。作为一个药物设计者，其设计动机是为了拯救生命和维护健康，其目标追求是研发优质、高效、低毒、风险小的药品。这种设计动机理应成为价值考量的前提。

价值敏感设计在纳米药物设计中的整合应从健康毒性、生态毒性、社会影响三个维度进行考量。纳米技术的潜在危害可能涉及方方面面，主要的危害表现是健康毒性、生态毒性、社会影响，这在客观上反映了人类基本的伦理关系及技术伦理关系。纳米药物设计者在进行行为选择时理应考量上述三个方面的要素，并使之协调。不可单纯考虑人的健康因素而忽视生态环境损害，也不可仅考虑生态环境和健康因素，淡忘社会影响。要切实减低危害和风险，设计责任是至关重要的因素，因为纳米药物研发设计与人的健康和生活世界息息相关，仿佛基因工程计划的伦理子计划一样，纳米技术研究也要伴随一个伦理子计划，以确保技术的健康和可持续发展。例如，在纳米载体材料的选择时，要考虑生物降解性和纳米载体材料的排出通道。当药物设计者利用 PLGA 及其衍生物作为药物的载体，具有良好的生物相容性及生物降解能力，可通过注射给药[31]。可见，全方位考量纳米制药技术的影响，是药物设计者责任的题中之意。

三、哲学的反思、批判与建构

当我们做决策的时候往往会采用两种方法进行思维：一种是线性思维，即注重对数据和事实的分析与逻辑思考，以科学地处理数据和获得信息；另一种方式是非线性思维，即以直觉和灵感为特点，偏好自身的洞察力处理信息，形成判断。事实上在进行政策制定过程中，这两种思维模式常常是并用和交替使用的。因为当数据不充分时，要想获得较为准确的判断结果，需要主体自身的直觉和经验，以弥补数据不足形成的"塌方"。这样就可以看到，决策中非线性思维的力量。

赫伯特·马尔库塞在《单向度的人——发达工业社会意识形态研

究》一书中指出:"认识论本质上就是伦理学,伦理学本质上就是认识论。"[32] "哲学起源于辩证法,其论域与一种对抗性现实相对应。"[32] 哲学内在地具有反思、批判与建构的功能。对纳米制药技术进行全方位、立体式研究,同样离不开哲学的反思、批判与建构。反思旨在对纳米制药技术风险及发生的负面性进行考证;批判旨在否定对技术两重性的模糊认识;建构旨在结合实际,对技术风险评价体系和行动准则进行构建。与此同时,借鉴国内外最新研究成果和不同学派的观点,对纳米制药技术的社会作用进行分析和论证,以提供对这种新兴技术正面价值的辩护,为其健康和可持续发展奠定思想根基和理论基础。

第四节 一种新视角——现代语境的纳米制药技术设计伦理研究

一、文化生产力是研究纳米制药技术设计伦理的现实语境

文化生产力概念在党的十六届四中全会决议公报中首次出现,当时的提法是:"深化文化体制改革,解放和发展文化生产力。"在党的十七届六中全会决议公报中则进一步指出:要"培养高度的文化自觉和文化自信",要"增强国家文化软实力",要"努力建设社会主义文化强国"。在党的十八大报告中论述得更为全面和深入:"必须推动社会主义文化大发展大繁荣,兴起社会主义文化建设新高潮,提高国家文化软实力","解放和发展文化生产力","让一切文化创造源泉充分涌流"。贫穷不是社会主义,精神空虚也不是社会主义。文化生产力作为一种柔性生产力,在当今世界文化经济化、经济文化化的历史境遇中,已经与我们惯常理解的刚性的物质生产力发生了深度交融,是具有世界历史意义的重大理论课题。

那么,什么是文化生产力呢?

第二章 设计伦理基本原理

文化是一个内涵丰富、外延宽泛的多维概念，历来争鸣颇多，总体上不外乎广义、狭义两种理解。梁启超在《什么是文化》一书中指出："文化者，人类心能所开释出来之有价值的共业也。"[33] 这里的"共业"几乎包揽了人类社会历史的一切内容，属于广义文化的解读。而陈独秀则在《文化运动与社会运动》一书中指出：文化"是文学、美术、音乐、哲学、科学这一类的事"[34]，这算是对文化的狭义解读。文化生产力视域下的文化概念兼有狭义和广义两个维度的内涵，从狭义角度切入，侧重于文化生产力中的"文化"属性，进而又从广义角度延伸，侧重于文化生产力的"生产"定位，文化生产力就是"文化"与"生产"的一种深度聚合"力"。这里所说的广义、狭义之兼容，文化生产之聚合，都必须在辩证逻辑的框架中来分辨，以力求避免思维坐标的漂移和摇摆。正如马克思所言："要研究精神生产和物质生产之间的联系，首先必须把这种物质生产本身不是当作一般范畴来考察，而是从一定的历史的形式来考察。"[35] "一定的历史的形式"就是在强调开展研究的特定语境及其变化，文化生产力之所以成为焦点话题，也正是因为"一定的历史的形式"出现了重大变化：文化已然不是相对孤立的文化，生产已然不是显性模式的生产。

究竟什么是文化生产力？究竟应该在历史唯物主义的经典理论框架内解读还是在创新历史唯物主义的思维指向上诠释？学界观点颇有分歧，总体上可归结为两种观点：第一种观点认为，文化生产力就是精神生产力，就是拥有一定知识和智能的劳动者运用文化资源生产和创造文化产品进而提供文化服务的能力；第二种观点认为，精神生产力并非文化生产力的全部内涵，文化生产力的重心在于将精神和文化产品复制和再生产的能力，即使之转化为规模经济的能力与提供规模文化服务的能力。我们认为，第一种观点属于历史唯物主义经典理论框架内的分析解读，第二种观点则是在创新历史唯物主义的思维指向上做出的诠释。我们倾向于后者，并尝试结合"一定的历史的形式"变化对文化生产力给出如下的内涵界定：文化生产力就是文化经济语境下生产文化产品、提供文化服务、凝练价值理性、繁荣文化产业的能力。文化生产力已经是现代经济社会具有先导性和主导性的生产力形态。

文化生产力的内在结构包括四个因子：一是生产文化产品；二是提供文化服务；三是凝练价值理性；四是繁荣文化产业。所谓生产文化产品，并非狭义维度上纯文化产品的生产，而是广义维度上一切内蕴着文化精神的综合性生产，文化生产力所凸显的正是文化精神的植入与再造；所谓提供文化服务，是指文化精神在产品让渡过程中的流转与自我实现，优质文化服务常常具有比较圆润的主体间性特征；所谓凝练价值理性，是要把散播在文化产品和文化产业中的核心价值提取出来，进一步引领社会共同体的发展方向，追求人的生存境界的升华与完满；所谓繁荣文化产业，是要整合各种文化资源，以文化创意为核心驱动力，通过技术的介入及产业化的方式生产和营销各种文化产品。繁荣文化产业的终极目标就是要最大限度地满足社会文化需求。在文化生产力的四个因子之中，生产文化产品是物态前提，提供文化服务是路径选择，凝练价值理性是精神旨归，繁荣文化产业是终极目标。四者相辅相成，联动发展。

可见，"文化生产力是一种整体性的文化能力，包括软能力和硬能力两个方面"[36]。文化的软能力在文化生产力的结构中是指提供文化服务和凝练价值理性；而硬能力是指生产文化产品和繁荣文化产业（图2.2）。

文化生产力 { 软能力 { 提供文化服务 / 凝练价值理性 } 硬能力 { 生产文化产品 / 繁荣文化产业 } }

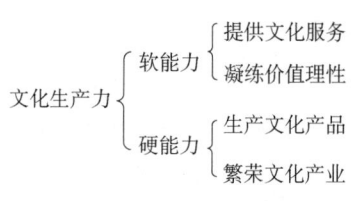

图 2.2　文化生产力的结构图

从文化的硬能力视角分析，更加关注文化的作用结果。不论是产品的生产还是产业的繁荣，都将以一种物态形式加以展现；而文化的软能力，更加关注文化的作用过程，不管是提供文化服务还是凝练价值理性，都将以一种思想态形式加以展示。当然，我们在此并不想要排除思想力量向物态形式的转化，只是为了更好地分析文化生产力的结构和性质做出必要的解释。

文化的原创能力是文化生产力与其他形式的生产力最根本的区别。[36] 而文化的原创能力之核心在于凝练价值理性。相比于工具理性，价值理性更加关注生活世界的意义，在"合目的性"的思维指向上强调人的"应当是"与"应如何"问题。价值理性是文化生产力的灵魂之所在，如何才能凝练价值理性？一是要提升我们的文化原创能力，在立足本来、吸收外来的基础上，不断推陈出新、与时俱进；二是要提高文化认同度，文化认同度提高了，才有可能实现核心价值观念引领下的同心同德、同心同向、同心同行；三是要加强科学的价值观教育，价值理性的凝练既不能好高骛远，也不能浅尝辄止，核心价值体系的构建既要可见可行又要高瞻远瞩。价值理性是文化生产力的文化之"神"，文化产品以及文化产业的繁荣是文化生产力之"形"，由此可见，文化生产力是一种"形神兼备"的生产力形态，而价值理性凝练的目的正在于促进思想态文化与物态文化的总体性增长。

文化增长是人类社会发展的根本性增长，经济增长只有在最终表现为文化经济增长的时候，才转化成人类社会进步与发展的文明基因。文化产业是文化增长的现代形态，是经济增长方式转变的必然选择。[36] 这充分揭示了文化产业的社会作用和社会影响。一种文化产业的形成其思想根基在于价值理性的指引。

文化生产力理论对历史唯物主义做出了重大的创新和发展。

1. 创新了历史唯物主义的方法论前提

谈及创新历史唯物主义的研究问题，就必须明确对待马克思主义理论的正确态度。有些人习惯于以形而上学的态度对待马克思主义基本理论，把坚持和发展马克思主义看成是不可兼得的单向度选择，要坚持就不敢发展，要发展就必然放弃坚持。而如果用辩证眼光看待问题，则必然反对死记硬背的、教条化式的坚持，有发展的坚持才是最好的坚持，也必然反对改旗易帜的、颠覆性的发展，有坚持的发展才是真正的发展。简言之，坚持而不泥古，发展而不离宗。关于文化生产力的研究既不能完全跳脱历史唯物主义的理解框架另起炉灶，又不能完全拘泥于历史唯物主义的固有思路而亦步亦趋。

从文化生产力内涵的解析中可以清楚地看到，文化生产力概念坚持了这种创新性发展：首先，文化生产力概念不再停留于对劳动者、劳动资料、劳动对象等实体性要素及其结合方式的直接分析，而是在此基础上进一步研究生产力中的文化精神植入与文化精神再造。其次，文化生产力虽然依旧具有人的主体性的自我实现特征，但是它显然更加关注人的主体间性及其与文化意识的对接。最后，文化生产力是对物质生产力概念的具体的历史的扬弃，在经济文化化与文化经济化的历史语境中，在中国的具体国情条件下，文化生产力概念对凝练价值理性和繁荣文化产业具有不可替代的理论创建性和现实紧迫性。

2. 厘清了历史唯物主义基本理论框架内的文化定位

在历史唯物主义的理论框架中，生产力和生产关系、经济基础和上层建筑的矛盾运动是人类文明史演进的第一推动力。生产力决定生产关系，经济基础决定上层建筑，上层建筑反作用于经济基础，生产关系反作用于生产力，在层层决定与层层反作用的辩证关系中，上层建筑一定要适应经济基础的变革要求、生产关系一定要适应生产力状况，在"适合—不适合—更适合"的辩证进程中，社会形态实现波浪式前进、螺旋式上升。在这个理解框架中，文化属于思想上层建筑即意识形态的内容，文化与经济生产之间存在着本质性区别，作为社会存在的生产力和生产关系决定着作为社会意识的文化，文化的作用与功能发挥主要体现于反作用的层面。

"将文化归属于上层建筑，归属于意识形态，这在马克思的时代无疑是正确的论断。然而，时代在发展，形势在改变，当代科学技术与文化在很大程度上已经渗透到生产之中，甚至直接成为生产力。"[37] 马克思认为，"生产力中也包括科学"[38]，科学技术可以通过四个途经由潜在生产力转化为现实生产力：提高劳动者素质、扩大劳动对象、物化于劳动资料、转化为管理手段。可见，马克思也没有在生产力与科学技术（一种文化）之间设定不可逾越的鸿沟。1988 年，邓小平在会见捷克总统时指出:"马克思说过,科学技术是生产力,事实证明这话讲得很对。依我看,科学技术是第一生产力。"[39] 在两种文化中,既然科学技术文化已然被理解为第一生产力了,那么,人文文化是否也可以合乎逻辑地跃升到生产力的高度呢?是否在物理学生产力之后还存在一种哲学生产力呢?当两种文化之间的界限日益弥合的时候,当科学精神与人文精神相互生成并相互支撑的时候,文化生产力就具有了更加深远、更加广博的时空维度。由此可见,在当今的文化经济时代,文化生产力不仅在理论上可能,而且在实践中也真实可见。

那么,人文文化何以合乎逻辑地跃升到生产力的高度呢?过去我们已经证明并接受了科学文化的生产力属性,试想一下,如果仅仅是科学文化具有生产力属性,而人文文化与科学文化又只能被理解为两种完全异质性的文化,那么我们只要仍旧止步于"科学技术是第一生产力"的认识层面上就可以了,几乎没必要再杜撰一个"文化生产力"的概念而徒增烦恼了。因此,文化生产力理应将科学文化和人文文化共同纳入其文化范畴之内。从内在逻辑上分析,人是文化性存在,单向度的科学文化或人文文化都无法造就健全的人,历史上乃至现实中人文文化失落所酿成的显性和隐性的生存危机历历在目,因此科学文化与人文文化的内在融合乃是大势所趋,有鉴于此,完整意义上的文化生产力既包括科学文化层面的生产创造能力,又包括人文文化层面的创新文化观念及提供价值理性的社会能力,而且正是人文文化生产力提供了安身立命的终极关怀,实现人的诗意栖居。

3. 实现了从物质生产力和精神生产力到文化生产力的跃迁

马克思在《共产党宣言》中明确地把社会生产分为两类:物质生产与精神生产。这种划分是对传统农业社会和工业社会生产的高度概括,因为当时社会的生产分工和产业形态相对简单,大量的劳动力从事着物质生活资料的生产以维持人们的社会生存,少数劳动者从事着宗教、艺术、哲学等精神生产,精神生产基本依附于政治统治功能。正因如此,早期文明史中占主导地位的生产力只能是物质生产力,是人类为满足基本的生活需要而变革自然界、谋取物质生活资料的全部现实力量的总和。在那时，精神生产力还没有真正浮现出来，直至 20 世纪上半叶，文化工业才开始成为西方发达社会比较醒目的图景。正是由于这种时代背景的限制，马克思对于生产力的关注焦点便更多地集中于物质生产力的层面。

马克思认为，分工只是从物质劳动和精神劳动分离的时候起才真正成为分工。而随着脑体分工的不断深化，精神生产力也就应运而生了。马克思在《1857—1858 年经济学手稿》中这样写道："一切生产力即物质生产力和精神生产力。"[40] 这里所谓的"精神生产力"是有别于物质生产力但又依托于因而也受制于物质生产力的特殊生产力形式。这里有两个问题需要重视：一是马克思已经认为精神也具有生产力属性；二是当时的精神生产力水平不高。

20 世纪下半叶以来，知识经济渐成潮流，借助于信息化编码、复制、模拟技术而规模化进行的文化生产已经悄然成为史上"第三代生产力"的范式，文化产业拔地而起，马克思不可能对这种新情况给出精准的预见，虽然马克思不可能洞彻一切，但马克思主义者却可以与时俱进，文化生产力理论就是对马克思主义生产力理论的坚持并发展。特别是进入 21 世纪以来，文化产业日趋繁荣，文化经济融合生长，原有的物质生产力与精神生产力二元划分的生产力理论已然无法透彻解释新兴的文化业态，文化产业大发展的勃勃生机迫切需要对马克思的生产力理论进行丰富与完善。党的十八大报告中提出"解放和发展文化生产力"，"让一切文化创造源泉充分涌流"，正是对历史唯物主义生产力理论的新发展。在文化生产力的视域中，人的智能水平成为生产力的第一要素，文化产业成为社会发展的主导性和战略性产业，文化生产创造的价值已经越来越超过物质生产创造的价值。总之，文化生产力不仅与物质生产力在相互嵌套中走向了深度融合，甚至还逐渐摆脱了惯常理解的"反作用"之理论框架，直接成为现实社会发展的主驱力和主控力。

在这里有必要进一步厘清文化生产力与精神生产力的辩证关系。文化生产力显然是精神生产力的内在逻辑延伸，但精神生产力并非是文化生产力的全部内涵。首先，精神生产力主要在认识论层面生成，它与物质生产力相对但又受物质生产力所制约,而文化生产力则主要在本体论层面生成,它是对物质生产力和精神生产力的整合性扬弃,是对物质生产力与精神生产力二元划分的实质性超越。其次,精神生产力在历史上始终没有成长为相对独立的主导性的生产力形式,它只是在针对古典经济学中"见物不见人"的理论纠偏方面发挥了独特的引导功能,而文化生产力则是当下和未来文化经济时代占统治地位的生产力新形态,是显性生产力与隐性生产力的有机结合。最后,精神生产力的核心特质在于通过解释世界进而改变世界,它的功效主要体现为先导性和预见性,而文化生产力的核心特质在于解释世界与改变世界的双向耦合,它的功效主要体现为原发性和创新性,它改变了生产要素的位次。

4. 丰富了历史唯物主义生产力概念的内涵

文化生产力范畴丰富了历史唯物主义生产力概念的内涵。马克思在《德意志意识形态》中曾经提到了"精神生产"的概念,它主要是指精神生产者生产精神产品的能力,包括社会的政治、法律、哲学、科学、文学、艺术、道德、宗教等思想理论形式。[41]精神生产力是观念形态的生产力,是人们从"理论上"征服自然、征服社会和自我征服的精神力量。马克思所提及的精神生产力与物质生产力之间主要是一种异质性关系,他几乎没有论及二者之间的内在联系以及转化机制问题。党的十六届四中全会首次提及的文化生产力不仅将精神生产力的内涵完全吸纳进来,而且魄力十足地开出一片文化生产力的理论新视野。如果说精神生产力是一种潜在的尚需诸多转化环节的生产性能力,而文化生产力则是一种既成的真实存在的现实生产力。文化本身就是生产力,文化产业本身就是独立的生产形态,文化生产力创造着大量的社会财富,文化软实力是综合国力的重要组成部分。在这样的时代语境和理论新思维中,文化生产力范畴直接丰富了生产力概念的内涵。党的十八大报告中明确把"扎实推进社会主义文化强国建设"作为未来我国发展的重要战略安排。在这里,文化已然不再是经济发展的附属品,而是一跃成为攸关国家文化安全和实现民族复兴"中国梦"的中坚力量,必须把文化生产力定格为知识经济时代的主导性生产力形态。

文化生产力范畴拓展了历史唯物主义生产力概念的外延。马克思在研究人类社会发展和演进的问题时提出了著名的五形态说和三形态说，我们认为，就三形态说的角度而言，分别对应着三种主导性的生产力形式："人的依赖性"[42]阶段占主导地位的是人身生产力（第一代生产力）形式，"以物的依赖性为基础的人的独立性"[42]阶段占主导地位的是物质生产力（第二代生产力）形式，在"自由个性"[42]阶段占主导地位的是文化生产力（第三代生产力）形式。最初的人身生产力是生理性的底层的自我生产，经过物质生产力非我生产的扬弃之后，文化生产力则重归自我生产的高级形态，文化生产力是对物欲主导下的精神世界的救赎性回应，是人的又一次自我发现和自我成就。可见，文化生产力既是当代人最真实的历史境遇，又是人的全面而自由发展的方向指引。总之，文化生产力范畴与人身生产力范畴一起拓展了历史唯物主义生产力概念的外延，使我们在全面深入地理解"生产力家族"的整体样貌时获得更多的启示。

文化生产力虽然创新和发展了历史唯物主义的生产力理论，但这种发展绝不是一种颠覆性再造。从总体上说，文化生产力的理解框架与历史唯物主义思想不仅相容而且同向，文化生产力体现了唯物史观语境下物质变精神和精神变物质的双向矛盾运动的辩证性和复杂性，只是要想全面和透彻解读"文化生产力"概念，就必须提供更加辩证和更加精细的哲学理论思维。而且"文化生产力"的提出也不会导致生产力概念的泛化，生产力概念本来就不该只从物质的外壳上去理解，生产力并非只是经济层面的专有名词，它还同时呈现在社会有机体的每一个细胞之中，生产力与经济、政治、文化、社会之间是一般与个别的关系，生产力寓于经济、政治、文化、社会之中，经济、政治、文化、社会势必都与生产力相联系而存在，生产力其实就是经济生产能力、政治组织能力、文化创建能力、社会治理能力。

文化生产力既是中国社会转型期建构价值理性的现实诉求，又是未来中国实现民族复兴"中国梦"的实践支点。在当下中国，解放和发展文化生产力的现实诉求在于真正实现工具理性和价值理性的内在统一。

自工业文明以来，工具理性的文化理念大行其道，而价值理性的合法性却日渐式微，生活世界不断走向技术化、非人性化，人类整体性的精神危机已然生成并且四散弥漫开来。斯宾格勒对"西方没落"的反思性检讨，海德格尔对"技术异化"的根源性批判，霍克海默对"文化工业"的颠覆性质问，马尔库塞对"单面社会"的系统性解构，都内蕴着同一个理论指向：失落了价值理性，我们就看不到未来。工具理性的极端膨胀是造成人类生存危机的总根源，价值理性才是整个人类社会安身立命的根本，必须以价值理性引导工具理性，才能实现科学与价值、知识与意义的协调统一，这是现代文化哲学的基本精神。中国文化形态本来内蕴着丰富的价值理性，但自近代以来，中国文化在现代化转型之路上一再同西方文化进行比较，随之而来的是中国人一再失掉自己的文化自信，转而浸淫在工具理性主导的功利主义发展模式之中，价值理性被层层遮蔽，一种隐性的文化危机已经若隐若现，这正是文化生产力理论应运而生的现实镜像。

改革开放以来，中国就像急速运行在高速铁路上的列车一样，向着"现代化"的宏伟目标呼啸而来，中国现代化的进程无论是广度、深度还是力度、速度，都是史无前例的，但我们所面临的文化难题也分明在凯歌行进中浮现出来：我们同样也面临着日益深化的意义危机，面临着越来越多的"无家可归"的道德困惑。因为现代性是我们这个时代处于霸权地位的背景意识形态，也是现代中国人命运生成和现代中国社会基本构架中最核心的塑造力量，现代性在本质上是一种工具理性，它使人不再像康德那样敬畏心中的道德律令，从而失去了心灵的秩序。

在当代中国，现代性建构是社会发展的中心任务，我们有没有可能既要现代化的富强、民主、文明、和谐，又避开价值迷失、道德失范、生态毁损等现代性难题呢？文化生产力正是一把打开现代性难题之锁的钥匙，用价值理性建构引领工具理性的方向，不失为一种别无他途的明智之举。经济建设、政治建设、文化建设、社会建设、生态建设，五位一体，总体布局，既要追求现代性身份的真正获得，又要警戒现代性危机的不期而至。追求而不狂热、执著而不迷失。

虽然中国是一个积淀深厚的文化大国，但是中国文化产业的发展却起步较晚，原因正在于我们对文化的生产力属性没有给予足够的重视。在国际上，文化市场异军突起，文化生产、文化服务、文化红利已经成为大势所趋，而我们仍旧停留于文化的意识形态定位，缺乏发展文化产业的顶层设计与战略思维。今日之生产本质上就是文化生产，今日之消费本质上就是文化消费，文化植入是提升商品附加值的核心创意。未来的世界竞争必然是文化生产力发展水平的竞争，中国要想在世界大市场的激烈竞争中立足乃至脱颖而出，仅靠商品价廉的经济实惠已经风光不再，还必须特别重视商品物美的文化心理契合，因为人们已经开始从"物"的消费逐渐转向对"美"的分享。

当代中国要在全球高技术（NIBC）快速发展的大潮中乘风破浪，更需价值理性的导航和指引。高技术之中渗透着正价值和负价值，融入了人的价值、目的、情感、道德、审美等人文精神，几乎每一种高技术都面临着特有的人文文化问题，信息技术、克隆技术、纳米技术等高技术的快速发展同样带给我们越来越多的不确定性，而信息武器、基因武器、纳米武器都是这种不确定性的一种可能走向，正因如此，高技术的发展必须匹配以高情感、高文化的同步生成，必须高度重视文化生产力的价值理性指引功效。在当代中国，高技术发展的可能空间正在快速开拓之中，工具理性过度扩张和价值理性的相对萎缩正在成为扑面而来的"盛世危言"，有鉴于此，文化生产力理论对于中国高技术的发展正是生逢其时、恰到好处。

二、价值理性的凝练是文化生产力的核心旨归

伴随现代高技术的飞速发展，纳米制药技术在维护和保障人类健康的实践中彰显的作用日益鲜明，尤其是在治疗危害健康的头号杀手——癌症的过程中，诸多纳米制剂产品发挥着越来越重要的作用。这种现实表现使人们在事实上看到了纳米制药技术的经济生产力和社会生产力作用，当然，伴随着纳米制药技术相关负面影响的出现，也敦促我们开始思考其与文化生产力的深度交融。正因如此，文化生产力开始自在地成

为建构纳米制药技术设计者使命意识的现实语境，因为只有在与文化哲学、技术哲学、管理哲学、环境哲学的深度交融中来审视纳米制药技术设计者的使命意识，才能实现工具理性与价值理性、科学精神与人文精神的真正契合。

如前所述，"文化生产力就是文化经济语境下生产文化产品、提供文化服务、凝练价值理性、繁荣文化产业的能力"。文化生产力已然成为现代经济社会具有先导性和主导性的生产力形态，在文化生产力的四个因子中，生产文化产品是物态基础，提供文化服务是意态协同，凝练价值理性是精神旨归，繁荣文化产业是实践效能。四者相辅相成，联动发展。而凝练价值理性，就是要把散播在文化产品和文化产业中的核心价值加以凝练，进一步引领社会共同体的思维指向与价值遵从，追求人的生存境界的内在圆融。

进入 21 世纪以来，文化生产力理论逐渐上升为学术研究的焦点话题，微观上聚焦于文化生产力的概念、要素、特征、形态的解析，宏观上聚焦于发展文化生产力的语境、机制、路径、策略的论证，见仁见智，不一而足，在已有研究成果中大多倾向于把文化生产力理解为与物质生产力和精神生产力同时在场的共时性生产力形态，我们以为，在文化经济时代，文化生产力就是当下最真实的生产力形态，因为当下的生产本质上都是文化生产，而当下的消费本质上也都是文化消费，物质生产力与精神生产力已然内蕴为文化生产力的题中应有之意，文化生产力已然成为拓展理论思维的现实语境。

文化生产力何以能够超越物质生产力与精神生产力上升为当代生产力的新形态呢？这要从以下三个方面加以解读：第一，物质与精神的二元划分本身就是一种预设，纯物质与纯精神都是形而上学的虚构，游离于物质以外的精神当然是一种虚构，而与精神无关的物质也是没有意义的纯有，在本体论的意义上纯有强调的是物质的先在性，而在认识论价值论的意义上纯有却立刻又变成了一种虚构，因为所有认识论所谓的存在必然是被意识到的存在，价值论所谓的存在必然是被评价了的存在。可见，在有主体的认识论和价值论层面上，离开精神的纯物质同样是一种虚构。以此类推，物质生产力与精神生产力同样表现为一种失于偏颇的二元划分，学者们无论怎样努力地在两者之间进行双向阐释，都难免顾此失彼，而文化生产力理论恰好打通了两者之间的限隔，同时也打通了在生产力理论体系中本体论与认识论的限隔。第二，放眼历史发展长河，物质生产力作为主导生产力形态是科学技术水平不够发达的特定历史阶段的产物，而随着文化经济时代的到来，建立在人文精神和科学技术融合发展基础上的新型经济范式脱颖而出。在经济生产与政治生活中，文化精神或价值理性的植入与建构由隐而显，心理预期、情感偏好、人文关怀日渐得到各类行为主体的重点关照，社会需求的重心从物性追逐移位到文化分享，由此可见，文化生产力正是生产力在理论和实践上发展到文化经济新阶段的必然结果。第三，文化生产力与人的全面发展具有协同性，一切发展终将归位于人的全面发展。文化生产力的基本内涵与核心诉求正是通过文化生产与服务来塑造灵魂、提高境界、构筑精神家园的，是对文化新人乃至文化新人类的全面提升，但在市场经济条件下，原有的物质生产力理论更注重可见财富的堆砌，而精神生产力被定位于反作用的逻辑关系中，文化生产与服务带有浓郁的商品拜物色彩，文化品位常常要让位于"卖点"和"流行"，在一味追求经济效益时出现了明显的反文化倾向，这就走向了高雅文化和精英文化的自我放逐，价值理性的晦暗与工具理性的张扬给精神世界带来深深的焦虑，这显然与人的全面发展背道而驰，所以，文化生产力理论不仅是对物役之心的自我救赎，同时也开启一扇人的全面发展之门。正是在这层含义上说，他的选择就是他的身份，选择文化生产力就是选择高品位的人生。

价值理性作为一种意态形式在文化生产力的发展中属于慢变量，它支配着作为快变量的物态形式的文化产品，物态文化产品负荷着文化精神和价值理性，通过意态与物态两种形式的互渗互动，完整意义上的文化生产力既是创制文化产品和提供文化服务的能力，又是创新文化观念和凝练价值理性的能力。马克思在《黑格尔法哲学批判》的导言中指出："批判的武器当然不能代替武器的批判，物质的力量只能用物质力量来摧毁；但是理论一经掌握群众，也会变成物质力量。"[43]这段话是在说感性

第二章 设计伦理基本原理

实践与理性认识的关系，如果从文化生产力的角度阐发一下，同样可以解读为物态文化生产力与意态文化生产力的关系，价值理性不仅必须在文化生产实践中凝练出来，而且一定要掌握群众，要把价值理性变成物质力量。

凝练价值理性是文化生产力的核心旨趣，价值理性是文化生产力的灵魂，只有确认了价值理性的领航地位，文化生产力才能够发育成相对完善的形神兼备的生产力形态，进而促进思想态文化与物质态文化相融合的总体性发展。按照马克斯·韦伯的理解，价值理性就是"通过有意识的对一个特定的行为——伦理的、美学的、宗教的或做任何其他阐释的——无条件的固有价值的纯粹信仰，不管是否取得成就"[44]。在这里，无条件的、固有价值、纯粹信仰的语义都特别强调了特定行为的超功利性，可以看出，相比于工具理性，价值理性更加关注生活世界的意义，它根植于人的宗教信仰或哲学理念，它是人得以安身立命的精神文化内核。文化生产力作为生产力发展的最新形态，与以往生产力形式的最根本区别就在于文化的原创性，而文化创新的根本特质并不在于产品创新、服务创新，恰恰在于价值理性的凝练和精神境界的提升。一言以蔽之，文化生产力的主旨精神并不在于生产什么，而在于谁来生产和生产出怎样的人，因为现代意义的生产本身就是文化性生产，就是人进行自我提升的文化新人的再生产，其精神内核就是价值理性。

20世纪下半叶以来，知识经济渐成趋势和潮流，借助于信息化编码、复制、模拟技术而规模化进行的文化生产已经悄然成为史上第三代生产力的范式，它是继农业生产力与工业生产力之后新的主驱性生产力形态。在文化生产力的视域中，人的智力因素已经上升为生产力中第一位的发动力量，文化产业渐渐成为社会发展的主导性和战略性产业，文化软实力成为综合国力的重要组成部分，文化已然不再是经济发展的附属品，而是一跃成为经济社会发展的排头兵，文化战略成为一个国家走向强盛的大思维。21世纪以来，全球高技术（NIBC）发展方兴未艾、一日千里，价值理性对于高技术发展同样具有高瞻远瞩的战略意义。文化生产力理论在当下中国的直接意义不仅在于理论上对马克思主义历史唯物主义思想的创新和发展,而且其现实诉求还在于实现工具理性和价值理性的内在统一,并将其价值理性的主旨精神内化于飞速发展的高技术实践之中。文化生产力发展不足的问题就是中国高技术发展所遇到的一个重大问题,解决这一问题的关键必须依托于文化生产力的持续健康发展,必须依托于价值理性的嵌入和引航,价值理性植入正是高技术设计伦理的核心诉求。在高技术时代,"我们正处在一种与以往不同的新地位,负有各种前所未有的责任:如果我们无知、疏忽、目光短浅和愚蠢,那么我们就会造成一个灾难性的未来"[45]。文化生产力的核心旨趣就在于:失落了价值理性,我们就没有未来。

文化生产力是我们讨论纳米制药技术的现实语境,在文化生产力的理论高度上来审视纳米制药技术无论对文化生产力来说还是对纳米制药技术来说都获得了更实在更博大的思维视域,而且两者完全可以相互嵌入并共同成长。只有高度重视文化生产力的价值理性指引功能,才能有效遏止纳米制药技术发展中工具理性过度扩张和价值理性相对萎缩的可能方向,这是我们必须勇敢面对并给予高度重视的并不耸听的醒世恒言。

纳米技术使人类改造自然的能力直接延伸到原子和分子水平,打破了有史以来自上而下的制造理念,使自下而上地由底层空间造物成为现实,这是纳米技术与其他技术在造物方法上的根本区别。在此基础上,纳米制药技术则使机械地摆弄原子成为可能,而且这种摆弄打破了化学思维的传统模式,是对传统生产观念的一次里程碑式的跨越。从近景来看,纳米材料科学、纳米生物学、纳米化学、纳米医学的持续发展都为纳米制药技术的日臻成熟创造了条件,新型纳米药物剂型在治疗肿瘤、心血管疾病等方面已经取得了骄人成绩,通过不断提高药品疗效和实施靶向治疗,纳米制药技术为人类健康事业的发展带来了更多的福音。从远景上看,纳米制药技术极有可能实现"按需定制"纳米药物,甚至直接干预人体基因的自然排列和细胞的自然构成,进而在一定程度上"设计"人的生老病死和人体的自然机能,其深远影响几乎难以想象。但是,我们必须清醒地看到,纳米制药技术同样是一把"双刃剑",对这种新兴技术的发展必须做出真实的风险评价，必须嵌入澄明的价值理性。

在文化生产力的视域下，纳米制药技术既应该是一种技术创新，同时还应该是一种人文创意。这一点需要从文化生产力的整体内涵中开发出来，科学技术是第一生产力是文化生产力的题中之意，但并非是文化生产力的全部内涵，完整的文化范畴是科技文化与人文文化的统一，完整的文化生产力范畴也必然是技术创新与人文创意的融会贯通。"文化生产力是人的心智创造的意义与价值的表征，由于人的心智创造层次的不同而具有不同的意蕴，指向自然界的是'科技创新'，指向人与社会的是'人文创意'。"[46]"虽然'科学技术是第一生产力'是解放和发展文化生产力的理论基础，但在文化生产力视野中，科学技术本身由目的而成为手段或中介，从而纠正了对'科学技术'单向度的解释，增加了人文关怀的注解。"[47]由此可见，在文化生产力的语境下，"完整的"纳米制药技术绝不是技术创新这一种含义，同时也必须是一种人文创意，而这个人文创意的核心内涵就是价值理性的嵌入，它表现为纳米制药技术设计者的伦理自觉和使命意识。

三、价值理性对纳米制药技术设计的引航

文化生产力理论为研究纳米制药技术主体的使命意识提供了最新的语境。怎样才能将价值理性嵌入到纳米制药技术之中呢？这是一个复杂的问题，这种嵌入不应该是像外科手术一样嫁接上去的，而应该是在纳米制药技术共同体内部孕育生长起来的。按照韦伯的理解，价值理性是无条件的固有价值的纯粹信仰，单靠外部强加显然是无能为力的，完全寄望于技术设计者的道德自律也是力不从心的，这种嵌入应该是一个过程，因为技术在本质上就是一个过程，价值理性的嵌入不可能一劳永逸。内外兼修，善始善终，应该是一个可行的方案，纳米制药技术设计者从内部强化自身的使命意识，管理者与消费者从外部进行风险评估和责任追溯，整个纳米制药技术共同体在立项、研发、生产、流通、消费等各环节保持必要的"善"，把法律、操守、利益、责任协同起来，在"应然—实然—应然"的开放链条中实现纳米制药技术的良性循环。

人无远虑，必有近忧，有了深谋远虑的价值理性的嵌入，纳米制药技术作为一种高技术就能站得更高，走得更远。爱因斯坦说过，关心人本身，应当始终成为一切技术上奋斗的主要目标。纳米制药技术也是如此，技术本身不是目的，技术是为人而存、为人而用的技术，只有在纳米制药技术中嵌入了价值理性，技术之真与人性之善才合力营就了诗意栖居之美。可见，高技术不仅改变了我们的存在方式和思维方式，而且也改变了我们对高技术本身的理解方式：高技术之高应该体现为工具理性与价值理性、科学精神与人文精神的真正契合。

参考文献

[1] 远德玉.技术是一个过程——略谈技术与技术史的研究［J］.东北大学学报（社会科学版），2008，10（3）：189-194

[2] 贺武华，戴璐.安德鲁·芬伯格的社会建构思想探析——技术·人·社会的视角［J］.杭州电子科技大学学报（社会科学版），2012，8（3）：42-46

[3] 李娜.芬伯格技术设计思想研究［D］.长安大学硕士学位论文，2009：35

[4] 王树松.技术合理性的社会建构［J］.科学管理研究，2004，22（4）：57-59

[5] 王华英.芬伯格技术批判理论的深度解读［M］.上海：上海交通大学出版社，2012：61-62

[6] 赵迎欢.荷兰技术伦理学理论及负责任的科技创新研究［J］.武汉科技大学学报（社会科学版），2011，13（5）：514-518

[7] Timmermans J, Zhao Y H, van den Hoven J.Ethics and nanopharmacy：value sensitive design of new drugs［J］.Nano Ethics，2011，5（3）：269-283

[8] Cummings M L. Integrating ethics in design through the value-sensitive design approach［J］.Sci. Eng. Ethics，2006，12：701-715

[9] 上海市食品药品安全研究中心课题组.关于医药企业的社会责任及与政府关系的研究［J］.上海食品药品监管情报研究，2009，（97）：6-14

[10] van den Hoven J. Value sensitive design and responsible innovation［A］// Owen R，Bessant J，Heintz M.Responsible Innovation：Managing the Responsible

Emergence of Science and Innovation in Society [C]. John Wiley & Sons, Ltd, 2013: 75-80

[11] European Commission, van den Hoven J, Blind K, et al. Responsible and Research and Innovation [R].Brussels, 2013

[12] van den Hoven J. Socially responsible innovation [EB/OL].http://www.ethicsandtechnology.eu [2009-12-01]

[13] Owen R, Macnaghten P, Stilgoe J.Responsible research and innovation: From science in society to science for society, with society [J].Science and Public Policy, 2012, (39): 751-760

[14] van den Hoven J.Value sensitive design and responsible innovation [A] // Owen R, Bessant J, Heintz M. Responsible Innovation: Managing the Responsible Emergence of Science and Innovation in Society [C]. John Wiley & Sons, Ltd, 2013: 75-80

[15] 约翰·穆勒.功利主义 [M].徐大健译.上海：上海人民出版社，2008：12

[16] 赵迎欢.伦理学视野中的医药企业社会责任 [J].亚洲社会药学，2012，7（2）：114-118

[17] 肖峰.技术认识过程的社会建构 [J].自然辩证法研究，2003，19（2）：90-92

[18] 赵迎欢.高技术伦理学 [M].沈阳：东北大学出版社，2005：12-13

[19] 安珂·霍若普.安全与可持续：工程设计中的伦理问题 [M].赵迎欢，等译.北京：科学出版社，2013：71-72

[20] 列宁.列宁选集 [M].第38卷.中共中央马克思恩格斯列宁斯大林著作编译局译.北京：人民出版社，1979：90

[21] 赵迎欢.技术的价值负荷：应用伦理学视域的解释 [J].科学学研究，2006，24（6）：846-850

[22] 马克思，恩格斯.马克思恩格斯全集 [M].第三卷.中共中央马克思恩格斯列宁斯大林著作编译局译.北京：人民出版社，1974：329

[23] Vincent N A, ven de Poel I, van den Hoven J. Moral responsibility: beyond free will and determinism [J]. Springer, 2011, 189（4204）: 678

[24] 黑格尔. 小逻辑［M］. 贺麟译.北京：商务印书馆，1980：247-326

[25] 赵迎欢. 高技术伦理学［M］. 沈阳：东北大学出版社，2005：63

[26] 赵宇亮，吴树仙."风险与理性"：面向社会需求的纳米科学技术［J］. 科学与社会，2012，2（2）：24-35

[27] McMahon D. Stem cell translation in China：current clinical activity and emerging issues［R］. 北京：北京生命伦理学高级研讨会，中国医学科学院，北京协和医科大学，2012

[28] Friedman B，Kahn P H，Borning A.Value sensitive design：theory and methods［R］. Washington：University of Washington，2002

[29] Van Kasteren J. Voorburg. The three universities of technology in the Netherlands-Delft University of Technology，Eindhoven University of Technology，and the University of Twente-have joined forces to establish the 3TU Federation［M］. Eindhoven：Drukkerij Lecturis Eindhoven，2009：37

[30] 赵迎欢. 荷兰技术伦理学理论与负责任的科技创新研究［J］. 武汉科技大学学报（社会科学版），2011，13（5）：514-518

[31] 王玉，王东凯，孙念. 聚丙交酯乙交酯共聚物作为大分子药物载体的纳米及微米技术研究进展. 中国药剂学杂志，2009，7（3）：205-211

[32] 赫伯特·马尔库塞. 单向度的人——发达工业社会意识形态研究［M］. 刘继译.上海：上海译文出版社，2008：100-101

[33] 颜吾芟. 中国历史文化概论［M］. 北京：清华大学出版社，2002：2

[34] 陈国强.论百越民族文化特征［J］. 中华文化论坛，1999，（1）：28

[35] 马克思.马克思恩格斯全集［M］. 第二十六卷 1.中共中央马克思恩格斯列宁斯大林著作编译局译. 北京：人民出版社，1972：276

[36] 胡惠林. 文化产业学［M］. 北京：高等教育出版社，2006：49-50

[37] 曹顺庆. 文化也是生产力［J］. 决策探索，2013，（2）：74

[38] 马克思. 马克思恩格斯全集［M］. 第四十六卷（下）. 中共中央马克思恩格斯列宁斯大林著作编译局译. 北京：人民出版社，1980：211

[39] 邓小平. 邓小平文选［M］. 第三卷.北京：人民出版社，1993：274

[40] 马克思. 马克思恩格斯全集［M］. 第四十六卷（上）. 中共中央马克思恩

格斯列宁斯大林著作编译局译. 北京：人民出版社，1979：173

［41］马克思. 马克思恩格斯全集［M］. 第三卷. 中共中央马克思恩格斯列宁斯大林著作编译局译. 北京：人民出版社，1960：29

［42］马克思. 马克思恩格斯全集［M］. 第46卷（上）. 中共中央马克思恩格斯列宁斯大林著作编译局译. 北京：人民出版社，1979：104

［43］马克思. 马克思恩格斯全集［M］. 第46卷（下）. 中共中央马克思恩格斯列宁斯大林著作编译局译. 北京：人民出版社，1980：211

［44］马克思，韦伯. 经济与社会［M］. 上卷. 林荣远译. 北京：商务印书馆，1997：56

［45］雷利奥·佩西. 未来一百页——罗马俱乐部总裁的报告［M］. 汪帼君译. 北京：中国展望出版社，1984：9

［46］贾乐芳. 文化生产力的发展路径探析［J］. 求实，2013，（6）：79

［47］贾乐芳. 从文化多样性到文化生产力［J］. 理论导刊，2009，（12）：28

第三章
纳米制药技术伦理问题及根源分析

根据美国药物研究和制造协会的报告显示,每五千个被测试的活性化合物中只有一种可以作为药物最终进入市场。[1]这说明药物研发的高投入和高风险是客观存在的。只有通过专利制度保护该药在市场上拥有20年的绝对专属权,才能回收研发成本和担保候选药物失败的风险。

当今世界,癌症是第一大杀手。世界卫生组织(WHO)预测,到2020年,每年患病人数都将增加1500万人。而现有抗癌药物在化疗和放疗中的副作用十分明显,在杀死癌细胞的同时,还能伤害人体的正常细胞。因此,研发纳米抗癌药物,通过纳米级药物传输系统靶向运药并限定在癌细胞内可控释放,对减少化疗药物的毒副作用效果十分明显。美国国家肿瘤研究中心的科学家预言,到2025年全球将研发出治愈癌症的新药。可见,纳米药物在为人类抗击癌症的道路上开辟了新路。

然而,技术的两重性及技术价值的两重性告诉我们,技术在发挥积极效应的同时,总是或多或少地伴有负面影响。人类只有正视技术负面性的存在，才能有的放矢地找到解决问题的有效途径和可行方法，以提升技术积极作用的发挥，促进人类的健康和发展。

第一节　纳米制药技术伦理问题

2011年，美国政府颁布的《纳米技术环境、健康、安全研究》白皮书指出，纳米技术的研究应关注生态环境、健康安全和社会问题的研究，并对这些影响做风险评估。任何问题的存在总是有其合理性的，纳米制药技术伦理问题的发生也不例外。本书研究中的纳米药物指广义的纳米药物，它既包括实质的纳米级药物，也包括纳米载体药物。从目前已经广泛应用的纳米药物实践可以看出，纳米药物研发与应用引发的伦理问题集中表现在三个方面：一是健康安全；二是环境生态安全；三是社会安全——公平和公正。

一、健康安全

安全是相对于风险而存在的概念。安全的本意指无损害发生。对于药品而言，安全是第一位的。药品要做到安全，即不能产生致畸、致残、致死的"三致"作用。风险是一个内在的伦理问题（issues），因为它关涉利益关系的调整，可以被定义为"能够影响一个和多个目标的不确定性"。技术风险是指技术在其应用过程中所产生的不确定性。

技术的表现形式一般包括技术过程和技术成果。作为过程的技术，它显然具有过程性的特点；而作为结果的技术，它以人工物的形式展现。考量纳米制药技术的伦理问题理应将这两个方面纳入研究视域，既从技术过程进行分析，也要从技术结果进行考量，由此，方为一项全面的技术伦理研究。

首先，从纳米材料的安全性视角考量，纳米制药技术引发的健康安全问题表现在如下四个方面：第一，纳米粒子的毒性损害人类的健康。

如上所述，纳米药物既包括通过超细粉技术生产的实质的纳米级药物，也包括纳米载体运药技术而产生的药物。由于纳米级粒子的特性决定，比表面积的增大带来粒子活性的增强，提升药效，但同时也伴随着毒性的巨大释放。这是科学研究证明的纳米粒子的"尺寸效应"。试验表明，纳米粒子的毒性与表面的电荷有关。纳米粒子在穿过血脑屏障（blood brain barrier）具有提高药物功效的同时，也伴有毒性的巨大释放。当对不同表面积特征的纳米粒子进行评估时发现，中性的纳米粒子和阴性的纳米粒子的低浓度对血脑的完整没有作用，而阴离子纳米粒子的高浓度以及阳离子纳米粒子对血脑屏障具有毒性。因此，纳米粒子的表面电荷被认为是引起毒性和脑断面分布的原因[2]。纳米药物随着比表面积的增大，药物有效性的增强，随之而来在定点的局部药物释放的同时，毒性也在增强。例如，纳米粒子具有无意识地穿过血脑屏障而引发一种严重的免疫应答反应的能力，累积在特定的组织中引起毒性[3]。此外，纳米粒子对皮肤具有伤害作用。大约50纳米粒子具有较高的电荷密度，被认为能够克服皮肤屏障渗透和损害皮肤[2]。例如，包括毒性重金属氧化钛等的无机胶体药物载体可以损伤皮肤。可见，纳米粒子的高摄取性也会造成毒性的增强。第二，纳米载体运药的纳米粒子材料对人健康的风险表现为一种致癌性。实验证明，碳的纳米管装载药物会累积在人身体的肺部而引起肿瘤。已有报道：石棉状碳纳米管被吸入足够多的数量会导致间皮瘤[4]。第三，纳米载体运药的纳米粒子材料具有残余风险。在纳米载体运药的应用过程中，截至目前，由于其排泄通道未知，纳米材料在人体中是降解还是沉积仍然未知，科研人员并不清楚如何将纳米材料从人体中清除。可见，如果纳米粒子在人体中沉积，就会造成"坏疽"而有害人体健康。第四，纳米药物的稳定性影响药物的质量，乃至影响人们的健康。目前，研究人员开发了水溶性大分子胶体药物载体用于承载蛋白质和核酸类亲水性药物，如淀粉、壳聚糖等，由于这些亲水性大分子是天然材料，且结构和成分不均一，所以稳定性差，使得药物不易保存[5]。

健康是人类关心的永恒话题。没有健康，事业的成功、家庭的幸福、社会的发展进步都将成为一句空话。在今天科学技术飞速发展时期，人们对健康的维护更加凸显出它的地位。由于技术具有两重性特点，所以一项技术的客观损害是不容否认的，从一般药物具有的专属性、质量重要性、时限性和两重性可见，纳米制药技术也不例外。事物的两重性告诉我们，纳米技术及产品的健康风险同样不可小视。

其次，从作用的对象来看，纳米粒子对健康的风险主要涉及三个方面：一是对研究纳米技术产品的职业行为者健康的影响和危害，如职业人员，其根源是纳米粒子的不可见性和劳动保护的缺失；二是对使用纳米材料和产品的人员健康的影响，如纳米化妆品的使用，其根源在于纳米粒子的毒性和高摄取性；三是对生活在纳米材料生产企业周围的居民的健康影响，其根源在于纳米粒子在空间的弥漫[6]。

纳米载体运药技术的应用，必然关涉纳米材料的选取和使用。因此，纳米材料工作场所的空气质量在当前备受关注。工作场所一般包括实验室、工厂的生产车间、回收和处理纳米材料的操作场地。在这些工作场所中及周边范围内，某种情况下空气中纳米颗粒的浓度要比通常空气高出许多，甚至每立方米达几百微克。即使空气中纳米颗粒的暴露浓度较低，换算成颗粒物数量浓度依旧很高，因此存在潜在危害。例如，对20纳米的颗粒来说，10微克/米^{3}的浓度相当于每立方米10^{12}个颗粒。吸入的纳米颗粒通过扩散运动，主要沉积在气管支气管和肺泡区。在肺泡区被转运至血液和淋巴系统，进而到达靶器官，如骨髓、淋巴结、肝脏、脾脏、肾脏和心脏，从而对机体造成伤害。[7]工作场所生产条件的硬件控制目前仍然未达到GMP标准。如果这些问题不能及时解决，由于职业工作人员的短暂无知而带来身体的长久损伤，将会引发公众对纳米技术的"后坐力"，而导致人们对新技术的怀疑，进而引发人们对保障权利和维护尊严的质疑。科学研究已经证明，纳米粒子会在实验动物的呼吸道和肺里累积，它们会被细胞吸收，也有可能寄附在细菌上进入血液循环，纳米粒子在体内的迅速扩散虽然有望带来疾病诊断和治疗的新办法，但一些纳米粒子的毒性会危害实验动物的呼吸系统、循环系统、神经系统、免疫系统等，甚至导致鱼、鼠等实验动物死亡。[8]因此，这些纳米粒子如果以各种渠道侵入人体，其后果将不堪设想。

二、环境生态安全

环境是人类赖以生存和发展的支撑系统。在《中华人民共和国环境保护法》中，环境被定义为：影响人类社会生存和发展的各种天然的和经过人工改造的自然因素的总体，包括大气、水、海洋、土地、矿藏、森林、草原、野生动物、自然古迹、人文遗迹、自然保护区、风景名胜区、城市和乡村等，都属于环境定义的范围。依据马克思主义基本观点，环境与人和人类实践活动关系密切，环境创造了人，人也创造了环境。纳米技术作为人类认识和改造自然及自身的物质手段，同样与环境发生着千丝万缕的联系。纳米粒子作用于环境同样也会展现技术的两面性特点，给环境造成风险。

纳米制药技术的环境风险同样源于纳米药物的粒子毒性和纳米材料的不可降解性。药物的纳米粒子漂浮在大气中将对人体和环境构成严重危害。最新的一项研究表明，小于100纳米的超细颗粒物浓度的微小增加将对城市居民发病率和死亡率的增高产生重大影响[9]。纳米粒子影响环境的直接后果会危及人的健康。纳米药物在生产过程中涉及诸多环节，如生产容器的密封、不同药品生产中的清洗，以及纳米药物废物的处理和循环等，这些既涉及生产环境，也涉及空气质量及大气环境。

生态与环境息息相关，生态的考量主要指自然条件，而环境影响既包括自然条件，也包括人为因素和人工自然。纳米粒子的上述风险表明它具有环境危害和"生态毒性"（eco-toxicity）。生态毒性关联纳米粒子在环境中的暴露状况，例如，纳米粒子影响空气、水和土壤，并且具有在食物链中累积的能力，可能对自然中存在的其他植物或者动物，乃至人类健康构成严重威胁。此外，像自然发生的胶体可能在地下水中提供一个快速的和大范围的废物传输场地[10]。纳米粒子对环境的影响程度与其化学和物理属性有关。

事实上，自然中的纳米级材料已经存在，其本身没有危害。目前重点研究的是运用纳米制造技术产生了数量巨大的自然界中原本没有的纳米材料，并且由于人造的纳米材料性质的变化而带来某种不确定。综合归纳纳米粒子对环境和生态的影响主要表现在四个方面：一是对大气环境的影响，由于粒子的不可见性，在空气中弥漫的浓度极大，乃至对人的健康产生危害；二是有关纳米粒子废物的处理和填埋，在地下水中会形成垃圾场；三是由于纳米粒子在土壤中迁移的速度极快，粒子毒性蔓延；四是制造过程中容器清洗的不彻底造成的交叉污染，其根源是粒子的特性决定的，伦理问题的实质是安全和可持续问题[6]。有研究表明，一些纳米粒子具有很好的水溶性，而且具有杀菌作用，因为细菌在许多生态系统中处于食物链的低端，所以纳米粒子可能会破坏生态系统。

环境生态安全的损害是长期效应，因为人类发展的可持续是以天然自然为依托的。同时还要看到，天然自然与人工自然一起构成人类生存和发展的外在支撑系统。基于这个基本认知，对纳米制药技术关联的生态和环境安全应引起足够的重视。

三、社会安全——公平和公正

社会安全主要考量影响社会稳定的因素，这里主要指社会的公平和公正。社会公平是指社会资源的合理利用，人人获得资源的机会均等，而社会公正是指社会在分配资源时做到公平。公正比公平的层面更高。

技术的社会影响从相反的方面决定了技术需要社会的形塑。纳米药物的技术开发决定了纳米药物的资源在短期内是有限的而且是昂贵的。如何为社会每一个公民创造一个公平享用纳米药物资源的机会，反映着社会的平等、公平和正义，这也是非歧视原则的根本要求。

从目前纳米药物应用的普遍程度分析可见，纳米药物价格昂贵，在我国尚未进入国家基本药物目录，仍然是消费者自费的药品。尽管纳米药剂比一般的传统化疗药物具有更小的副作用，但由于其经济上的负担，仍然使诸多消费者望尘莫及。

纳米药剂研制生产过程的周期长、高投入和高成本是纳米药物价格昂贵的原因之一，而纳米技术尤其是纳米医学和纳米药学强调分子工具和分子水平的知识，客观存在的知识差距即所谓的"知识鸿沟"同样会造成发达国家与发展中国家之间获取纳米药物资源的不平等和人们享用机会的不公平[11]。

此外，纳米制药技术成果的应用或许会由于科学家与公众交流的不充分，公众认识的缺乏而引起恐慌。从纳米药物应用的深层次伦理分析可以看出，社会安全不仅关涉到人的尊严，而且涉及人权、隐私、歧视及知情权等人类的基本权利。将纳米技术和产品应用后可能的风险告知消费者是十分必要的；同时，加强科学家与消费者和公众之间的交流与商谈也是十分必要的。应采取积极有效的措施，防止公众在尽享纳米药物产品之后出现的反弹。面向公众对纳米药物的使用做必要的伦理分析有利于检测价值冲突。

纳米制药技术对社会安全的影响或者说引发的具体社会问题主要表现在两个方面：一是关涉到纳米制药技术资源利用的社会公平和公正问题；二是关涉到人的知情权和自决权等人权问题。正如国际信息通信技术伦理问题研究的专家 Jeroen van den Hoven 教授所指出的："纳米技术结合并整合了包括信息技术在内的不同技术。"[12]对信息资源的利用、纳米产品的使用、在医学和药学方面对健康的作用和影响等，也都涉及社会的公正问题。[2]

第二节　纳米制药技术伦理问题的成因

任何事物的发生总有其存在的理由，纳米制药技术伦理问题及技术风险的存在是客观的，其根源首先是由纳米技术的尺寸效应、结构效应决定的。

一、"纳米效应"是纳米制药技术伦理问题的客观成因

纳米，顾名思义，是指在 1~100 纳米尺度范围内研究物质的特性。科学研究表明，物质在此纳米范围内性质会发生改变，一方面物质的活

性增强；另一方面物质随之而伴的毒性也不同于一般范围的物质。科学家指出，真正的纳米技术必须具备两个条件，二者缺一不可：一是纳米尺寸。1纳米是1米的十亿分之一，约等于45个原子排列起来的长度，是绝对微观世界的概念。二是自然界里所没有的新物性。纳米尺度物质会出现一些特殊的物理化学性质，如巨大的表面效应、量子效应、界面效应等导致的异常吸附能力、化学反应能力、光催化性能等。[13]正是由于纳米技术，物质具有了不同于微米级物质的性质，所以对其风险研究的必要性显见一斑。

众所周知，传统的药物毒性标准主要关注"剂量-效应"关系，剂量越大则毒性也越大。但是，物质在纳米尺度范围内的特性发生许多常规条件下的变异，由此在客观上促使纳米药物设计者进行纳米毒理学研究。纳米毒理学是研究纳米尺度下物质的物理化学性质尤其是新出现的纳米特性对生命体系所产生的生物学效应，特别是毒理学效应。纳米毒理学的目的是以科学的方式描述纳米物质/颗粒在生物环境中的生物学行为以及生态毒理学效应，揭示纳米材料进入人类生存环境后对人类健康可能产生的影响[14]。科学家通过研究已经发现，纳米粒子具有生物学的"纳米尺寸-效应"和"纳米结构-效应"，即在纳米尺度的粒子毒性与常规条件下的毒性发生逆转现象，而不同粒子纳米级性质对人体的不同部位的影响也各有差异。因此，针对不同的靶器官，纳米材料所产生的毒理学效应很难根据其原有的常规（微米）材料进行外推。这些结果也显示出纳米毒理学研究的复杂性，如果选择不同观察对象的靶器官，可能会得到完全相反的结论。因为靶向器官不同，在进行纳米材料和纳米产品安全性评价时，要因地制宜[15]。可见，纳米制药技术设计由于纳米粒子的尺寸效应、结构效应及剂量效应的复杂性而给药物设计者带来艰巨的挑战。

尽管纳米制药技术在对肿瘤治疗过程中有显见明显的优势，在基因治疗中也有作用，如以纳米颗粒作为药物和基因转移载体，将药物、DNA和RNA（核糖核酸）等基因治疗分子包裹在纳米颗粒之中或吸附在其表面，同时也在颗粒表面耦联特异性的靶向分子，如特异性配体、单克隆抗体等，通过靶向分子与细胞表面特异性受体结合，在细胞摄取作用下进入细胞内，实现安全有效的靶向性药物和基因治疗[16]，但是纳米制药技术的风险同样客观存在。《科学》杂志多次发表文章，探讨纳米技术的安全性；英国纳米技术协会多次组织各种形式的研讨会，对纳米技术的毒性和负面影响进行探讨；美国化学会以及欧洲的许多学术杂志也纷纷发表文章，就纳米技术对人们的健康、环境、伦理、法律及其他方面的潜在负面影响展开广泛讨论。可见，全球关注纳米技术安全已经成为不争的事实。研究表明，某些纳米粒子在环境中难于降解并产生生物健康威胁。例如，鱼暴露在掺有巴基球（bucky-ball）、浓度比为 0.5×10^{-6} 的水中，仅在 48 小时后就发生严重的脑损伤。但研究者们并不清楚巴基球是导致鱼脑损伤的微观机理。美国杜邦公司（DuPont）的研究者们在老鼠肺泡里发现了对身体有明显损害的单层纳米管，有15%的老鼠体内碳纳米管聚集成致命的肿块。[17] 由于对纳米技术物质的生物毒性在机理研究方面的滞后，自 2006 年起，美国国家纳米技术计划拨巨款用于支持纳米技术的环境、健康和安全的影响研究以及这些影响的风险评估。英国皇家学会和英国皇家工程院联合开展研究，对人和环境接触到纳米粒子会怎样？例如，纳米粒子被土壤和地下水吸收会产生怎样的后果，并进行深入探索研究。所有这些均已表明，纳米粒子的毒性和纳米制药技术的风险是客观存在和不容忽视的。

技术风险和引发的相关伦理问题的客观根源是由技术的不成熟性和对机理的未知造成的。正如 DDT（双对氯苯基三氯乙烷）积蓄在动物和植物组织里，给生态环境和海洋生物带来损害。而在这项新技术刚刚研发出来之际，其研发者还曾经获得了诺贝尔奖。可见，纳米制药技术由于关涉到纳米材料的毒性而表现出伦理问题存在的客观根由。

二、设计责任是纳米制药技术伦理问题的主观成因

事物发展的动力是主客观相互作用的结果。一般而言，主观的技术风险潜因包括研发人员和管理人员失职、"组织结构的不合理、信息渠道的不畅通等"[18]。与纳米药物安全性相关源头上的主观原因包括三个方

面：一是设计过程的科学性考量；二是设计过程伦理的正当性；三是设计者责任。三者同属于设计责任范畴。

从目前的纳米药物研发和应用实践可以看出，纳米药物治疗肿瘤可以克服传统化疗药物在全身系统性分布、靶向性差、毒性相对大、疗效差这些缺点[19]。纳米载体运药是以纳米颗粒为载体，将药物包裹在纳米颗粒之中或吸附在其表面上，由于纳米药物粒径小，很容易通过胃肠黏膜，或鼻腔黏膜，或皮肤的角质层，不仅可以进入血液，甚至可以进入骨髓。加之比表面积大，对受体组织的黏附性大，给药后滞留性及与组织的接触时间、接触面积均大为增加，从而，可提高药物的生物利用度，减少药剂用量，降低毒副作用[20]。面对人类在肿瘤疾病面前的痛苦和束手无策，药物设计者的研究已经在事实上促进和加快了纳米药物进入市场的速度，也从空间和时间链条上缩短了纳米药物与公众的距离，给人们的生命和健康带来了福音。纳米药物的优势之一在于能够改变药物的靶向性，实现定向给药和定点释放。

近些年，纳米制药技术已经取得重大进展，作为技术成果的纳米药物也在医疗实践领域发挥着重要的作用。但对于前述的纳米制药技术带来的伦理问题及技术风险，人们期冀通过技术手段降低风险，以实现确保人类生命健康和安全的目标。要想达到这种善良初衷，有必要在纳米药物设计中进行如下两个方面的研究：一是纳米药物设计者进行的毒理学研究；二是纳米药物设计者进行的成本控制研究。

首先，纳米药物设计者为降低毒性和确立科学的纳米药物标准，进行大量的毒理学研究实验，并通过动物模型研究，考量纳米药物的毒理学依据。

其次，为了逐步实现人人享用纳米药物的公平性和实现社会公正，纳米药物设计者要进行成本控制研究。从目前的纳米药物在市场中的应用情况看，纳米药物的研发成本和风险投入是制约纳米药物普遍生产和使用的"瓶颈"。研发中对成本的控制也是一种伦理考量。正是基于这样的认识基点，我们才将考量纳米制药技术伦理问题成因的主观因素归结为技术设计的科学性、伦理的正当性和技术设计者责任三个方面。

据统计，全世界癌症的发病率日渐升高，尤其是肺癌。而药物设计者为维护人们健康就要与癌症进行对抗。研制开发对癌症治疗的有效药物也成为药物设计者的责任。从目前的肿瘤治疗化疗中可见，副作用极大。由于肿瘤药物的高毒性和重复使用导致肿瘤细胞对化疗药物产生耐药性，从而严重影响临床化疗效果，甚至最终导致化疗的彻底失败，90%以上的肿瘤患者死于不同程度的耐药。耐药性问题一直是肿瘤化疗的最大"瓶颈"之一。逆转肿瘤细胞的耐药性，提高肿瘤细胞对化疗的敏感性，成为药物研发者的主攻目标。迄今为止，科学家一直在致力于提高化疗敏感度，克服肿瘤细胞的耐药性，但50年过去了并未找到解决问题的有效手段。中国国家纳米科学研究中心最新研究发现，利用纳米颗粒容易进入细胞的特点，表面适当修饰的金属富勒烯纳米颗粒，不仅可以促进肿瘤细胞对顺铂的内吞，而且可以高效逆转肿瘤细胞对顺铂的耐药性，为克服肿瘤化疗的耐药性问题提供了全新的解决方案[21]。

在抗癌纳米药物的设计中，科研人员经常会遇到多种技术路径选择的困境，而在面对这些路径时，考量的因素主要有经济利益、生命效益、伦理价值及社会影响等。当经济利益与生命效益发生冲突时，纳米药物研发人员就要进行伦理价值判断和行为选择。在已经确立的伦理价值取向指引下，设计者会改进和优化技术路径，降低毒性和风险，确保生命效益达到最高。

首先从宏观视角分析，在设计路线上进行选择。如若一种药物有两条以上的设计路线，就要进行比较、优化。采用的技术方法主要有正交法、层析法、熔融-超声乳化法等。例如，由于肿瘤增生很快，它的脉管系统供给的营养及氧并不能充分满足它扩张细胞数量的需要。这就导致了各种实体瘤与周围组织代谢环境的区别[22]。在抗肿瘤纳米药物研究中，要力争做到提高对肿瘤的药效而又不损害周围组织。这种技术要求自在地含有价值取向，它要求纳米药物设计者要优化技术设计，实现善良目标。

此外，在纳米药物设计过程中，设计者也会采用正交法优化处方。例如，由于脂质材料、乳化剂的种类及用量、制备工艺参数等均会影响纳米结构脂质载体（nanostructured lipid carriers，NLC）的质量及稳定性，纳米药物设计者就会采用正交试验，以包封率（EE）为评价指标，筛选最佳处方[21]。又如，奥扎格雷纳米结构脂质载体（ozagrel-loaded nanostructured lipid carriers，OZ-NLC）在水中溶解度极低，口服存在较严重的肝脏首过效应，这是限制其临床应用的主要原因。纳米药物设计者采用熔融-超声乳化法将其制成 OZ-NLC，提高了其体外释放，且 OZ-NLC 释药特点是前期快速释放，后期缓慢释药，具有明显的缓释效果[22]。可见，药物设计者选择技术方法的动机不是经济效益考虑，而是提高药效和降低风险。技术设计行为中的价值选择是主导力量。

综合以上分析可见，行为选择需要设计者价值观导向。而与价值标准确立相关的是技术标准的指南、伦理规范的约束，以及管理框架和法规协同。可见，化解技术风险需要整合利益，因为利益冲突是伦理学的基本问题。

其次从微观视角分析，进行纳米制药技术设计的价值敏感设计依据是科学的技术标准。尊重科学也是价值判断的依据，这反映和表明科学有效性对伦理判断所产生的重要性影响，即在了解了毒理学性质后要做机理和微观机制研究。如何确立技术标准和进行技术评估也是考量纳米制药技术设计者设计行为的伦理正当性及进行伦理行为选择的基本前提。如果失去这些考量、准则和标准，技术风险和伦理问题的产生就是不可避免的。

三、技术规范缺失导致纳米制药技术管理"真空"

管理"真空"包括主观原因，同时也含有客观因素。关于纳米药物的科学评价和管理，目前国际尚无统一的标准。截至 2012 年年底，美国 FDA 没有要求对含有纳米粒子的药物进行特殊实验[23]。已经许可的含有纳米粒子的药物包括用纳米晶体技术生产的产品，如在美国已经上市的脂质体两性霉素和隐形脂质体阿霉素。可见，关涉纳米药物的质量没有国际统一标准，有些方面实属漏查，仅按照一般药物标准进行审批和许可，使纳米药物在管理上处在"真空"时期。由此，在客观上造成纳米药物未知的风险具有不可预测性。

众所周知,对药物进行全程监管是防范"药害"事件发生的重要手段,当然也是提高药品质量的有效途径。中药纳米制剂是实质的纳米药物,并非是纳米载体运药。纳米中药是指运用纳米技术制造的、粒径小于 100 纳米的中药有效成分、有效部位、原药及其复方制剂。而纳米载体运药技术依托于纳米载体材料的选择。可见,对广义纳米药物进行综合管理十分必要,因为在纳米毒理学之外,纳米材料的安全性研究涉及了纳米标准化、纳米技术风险管理与纳米伦理研究。[7]

管理是介于法律强制和伦理道德自律的中间手段,它既融合了"硬控制"的规章制度和规范标准,同时也需要协调行为主体的内在自觉,因此,管理规范的缺失同样会造成技术发展过程的无序,乃至引发诸多伦理问题甚至法律问题。

詹姆斯·摩尔(James H. Moor)将技术伦理的假设称为"摩尔定律","即随着技术革命引发的社会影响不断累积,其伦理问题也愈发鲜明"[24]。研究表明,纳米载体材料确实表现出一定的细胞毒性,可诱导细胞死亡,出现炎症反应,改变基因的表达。[25]因此。建立科学的纳米药剂技术规范已经成为消解技术风险和跨越伦理鸿沟的必由之路。

第三节　纳米技术伦理沉思

纳米制药技术是纳米技术在制药实践中的特殊表现,对纳米制药技术伦理问题及根源分析,理应反思纳米技术伦理,因为纳米载体运药技术就是纳米技术的应用,纳米制药技术伦理是纳米技术伦理的一个组成部分。

哲学家波普尔曾说"科学进步是种悲喜交集的福音",意在警示人类认识科学技术价值的两重性。纳米技术的发展也如其他高技术一样是一把"双刃剑",对人类来说喜忧参半、福祸相随。冷静、客观地审视纳米技术本身，理性、辩证地对其进行伦理反思，是发挥纳米技术"天使"的一面，为人类带来福祉的基础。

一、纳米技术价值评价

价值是建立在主客体关系基础之上的效用评价，而关系的存在自在地成为伦理考量的前提，因为伦理是关系的派生物。可见，纳米技术价值是其伦理产生与形成的前提和基础。尽管 20 世纪 90 年代的"纳米热"曾一度引起公众的盲目乐观或过度恐惧，但纳米技术对于人类来说意义何在？其价值是正抑或是负？一直引发哲学家和伦理学家的思考。相当长一段时间以来，对纳米技术的正负价值之争代表了技术决定论维度的乐观主义及悲观主义两种倾向。

技术决定论认为，技术作为社会变迁的主导力量构成了一种新的文化体系，这种文化体系又构建了整个社会。技术是一种自律的力量，按自身逻辑演进，强调其价值的独立性。法国的埃吕尔指出："技术的特点在于它拒绝温情的道德判断。技术绝不接受在道德和非道德运用之间的区分。相反，它旨在创造一种完全独立的技术道德。"[26]基于技术的主宰地位及价值中立的两种特质，形成了技术乐观主义及悲观主义两种态度，前者认为技术进步是一种类似生命进化的自然趋势，其逻辑进程的规律性和有效性能弥补这一进程中的一切负面影响，给人类带来无限可能和更多幸福。乐观主义者们描绘了纳米技术建构的"乌托邦"理想图景："纳米世界可以实现普罗米修斯的承诺——以低廉的成本向社会提供任何人想要的任何东西。"[27]他们预言人类运用纳米技术有可能真正控制构成物质的最基本单位——原子，从而使稀缺和贫穷成为过去。在经济领域，纳米技术提供更多的产品，从而降低产品价格，促进经济增长的同时消除通货膨胀；在生态领域，从纳米尺度出发制造产品，消耗小、污染低，且能探测抑制有害物质，解决一系列环境问题；在信息领域，用纳米技术制造出来的高信息量处理设备生物芯片植入人脑能使盲人重见光明，使截瘫者四肢活动；在医药领域，乐观主义者寄予了纳米技术更高的期望，他们不仅认为纳米技术能治疗癌症等重大疾病，甚至还可以增强人的各种能力和特性,乃至能使经过低温储藏的人复活。纳米药物伴随纳米技术的迅速发展已经走向市场,在疾病的早期检测、靶向治疗肿瘤以及降低药物毒性等诸多方面取得骄人的业绩。

与技术决定论乐观主义者相反,悲观主义者对技术价值持否定态度,他们认为未来技术发展将会失去控制,人类只能听命其摆布或安排。悲观主义者描述了纳米技术建构的"敌托邦"灾难图景,其中"灰雾"说担心编程纳米技术设备如纳米机器人能疯狂地复制自身,在最短时间内摧毁整个世界。悲观主义者还就纳米技术的毒性、环境公害和暴露风险;商品标识、消费者意识和产品监督;知识产权限制、隐私权和国际科学研究的可靠性及合法性;潜在的国际科学和技术差距,以及有助于满足大多数需求的纳米技术的推广作用[28]等问题表示深切的忧虑。

显然"乌托邦"理想派和"敌托邦"灾难派与辩证思维背道而驰,"科学进步是种悲喜交集的福音"。技术本身已是一把"双刃剑","悲喜交集、福祸相生"。陶波特断言:"一方面技术是我们的杰作,另一方面技术又反作用于我们,我们与技术紧紧地联结在一起,就像生物学上所说的共生现象一样,无法逃避。"例如,纳米领域中的重要发现——碳纳米管可增强材料、纳米器件、电磁屏蔽材料和吸波材料,且本身作为储氢材料极具潜力,但后却被发现潜藏着对人的健康威胁;当人们利用纳米技术在塑料瓶里保存啤酒时,胺的使用却给人带来了危害。纳米载体运药实现定点释放和靶向治疗,而同时作为载体的纳米粒子的排泄通道及废物处理又将引发健康和环境问题。由此,纳米技术本身负载的是正负价值的统一。技术的社会建构论者从技术的社会属性出发也会得出相同的结论,他们认为不同的社会群体价值和利益的分立,使技术决策具有独立性,由此产生的技术后果多向性、复杂性和难以预测性造成正负价值的不同走向。用纳米武器如蚂蚁士兵、昆虫间谍、麻雀卫星代替战争中士兵的直接使用,虽降低了伤亡率,但纳米武器一旦被恐怖分子所掌握,后果将比"9·11"事件和"炭疽病毒邮件"事件更加严重。由此,从技术的自然属性和社会属性的二重特性上考察,技术蕴含是正价值与负价值的统一。

二、纳米技术伦理控制

由技术伦理问题与社会的关联性可以看出,对纳米技术实施控制是确保技术正价值的积极取向。纳米技术的价值负载使得"技术在伦理上绝不是中性的(像纯科学那样),它涉及伦理学,并且游移在善和恶之间"[29]。现代社会技术中性论和乐观主义的技术决定论思想甚嚣尘上,人们对于纳米技术正面效应盲目乐观,很少反思其伦理意蕴并制定相应规约。"普罗米修斯终于摆脱了锁链:科学使它具有了前所未有的力量,经济赋予它永不停息的推动力。解放了的普罗米修斯正在呼唤一种能够通过自愿节制而使其权力不会导致人类灾难的伦理。现代技术所带来的不良福音已经走向其反面,已经成为灾难。"[30]当核危机、气候异常、环境恶化等全球性问题凸显时,人们开始关注技术的负面效应,但为时已晚,到时对一系列技术问题的治理不仅需付出成倍的代价,且结果常常近乎徒劳,旧影响难以克服,新问题层出不穷。在现实的困境中,人类理应关注技术的伦理问题,思考用伦理去控制技术的发展。

在伦理对技术的控制问题上,责任伦理学派主张前馈控制,通过伦理预见与评估将技术的潜在风险降到最低,科技人员应放弃那些高风险的技术研究,避免给人类带来大的危害。社会建构论者主张后馈控制,认为应通过技术在社会中的应用实际效果来对其进行评价及制定相应规约。而从技术过程论的观点来看,技术的伦理控制是一个动态过程,包括对前馈控制的评判及对后馈控制的关注,是一个从"应然"到"实然"再到"应然"的过程。

纳米技术的前馈控制包括刚性的评估系统及柔性的道德责任建构。为使纳米技术潜在风险化解在萌芽中,应致力于在全球范围内建立统一的纳米技术伦理评估系统,由各领域负责任的专家组成,对各项纳米技术的应用后果进行全面评估,防患于未然。纳米技术的统一伦理评估避免了不同主体从自身利益出发进行不同评价,保证了评估的客观性和人类利益的共同性。例如,2005年8月,纳米技术责任研究中心(CNR)组建了全球特派小组研究纳米技术的高级形态对社会的影响。2006年3

月 27 日，纳米技术责任研究中心第一次发布了一系列关于纳米技术对社会深远影响的研究论文，这些论文从不同方面分析了纳米技术可能带来的影响，使读者对纳米技术的应用后果有了清楚的认识[31]。在现代技术文明时代，人类创造能力不可限量，带来的不良后果同样不堪设想。每个人都必须怀有高度的责任感，对自己的行为负责。纳米技术的道德责任建构已成为中心议题。"责任仅是知识和力量的函数。"[32]科学家是知识的掌握者和决策的参与者，他们的一言一行会给社会和人类带来重大影响。纳米科学家对于纳米技术的应用效果和公众的相关利益负有重要责任。他们的责任不再是传统意义上的"线性"的事后责任，而是一种具有预防性责任或前瞻性责任的"非线性"责任，是对传统责任的扩展和补充，这种"事前责任"能使人不再为自己的愚蠢行为追悔莫及。其中颇为关键的是要遵守科学活动本身及科学共同体的道德规范，对科学活动的后果做出可预测的公正合理评价。

伦理立法是纳米技术的后馈控制，与道德规约强调自律不同，法律强调他律，偏重于"治病"的严肃性，通过强制性规范少数越界行为。德国技术伦理学家胡比希分析道："政治家想达到技术的目的，工程师想达到技术指标，消费者想达到技术的功能，无人对技术的恶用负责，出现问题也互相推诿。"纳米技术的伦理立法应厘清各种责任关系并依法追究相关者责任。基于纳米材料不同寻常的特性，立法应有针对性，如针对纳米技术安全性问题，必须在环保及劳动保护方面有专门的相应法规；针对纳米药物的安全性，亟待建立全球一致的纳米药物安全性评价标准，以减弱技术风险的迟延性效力。而全球统一的技术标准建构需要以纳米尺寸效应、纳米结构效应为基础，探究物质量子层次效应引发的属性特点，有的放矢地进行纳米毒理学研究，以防止"技术标准的风险存在"。基于法律的公正性及人类利益的共同性，纳米技术法律规约也应更多地体现为国际法规形式。

三、纳米技术伦理嬗变

技术与社会伦理体系是一种彼此羁绊的双向互动。一方面技术应内在地接受社会伦理价值体系的制约；另一方面按照历史唯物主义的观点，科学技术是推动道德进步的重要力量，伦理道德体系在秉承传统伦理精神的基础上，随着技术的发展而嬗变，以适应科技的超前性、创造性的特质。20世纪70年代，第一个试管婴儿的诞生曾被指责越出了人类伦理规范，而如今500多万个试管婴儿已出生，鲜有人探究其伦理道德善恶之分，人们已完全接纳了试管婴儿。

科技的发展越来越向传统伦理提出了挑战，旧伦理框架已无法容纳现代技术的发展，对规约现代技术已力不从心，甚至在其核心理念即对善恶的分辨中也无所适从。例如，有人设想通过纳米技术使人类寿命延长至150岁，甚至通过冷冻人技术达到永生。从功利论伦理观来看，这无疑是激动人心的善举，但契约论伦理观却认为其是不道德的，因为寿命的延长会使婚姻的终身唯一性受到考验，造成高离婚率，毕竟在世人眼里离婚是不良行为。显然为了固守传统伦理规范放弃延长人寿命的努力是太过保守的行为。为适应纳米技术的发展，应突破原有的伦理框架，建立新的伦理规范，减少纳米技术进步的伦理摩擦。

笛卡儿感叹"我们已无共同的伦理学大厦了"，在一个价值取向多元化的社会里虽然不存在抽象凝固的伦理法则，但仍需要一些道德原则来指引纳米技术的发展方向。在这一问题上，或许可以从学界普适伦理的争论中得到一些启发。"哲学（包括道德哲学或伦理学）作为一种理论形态是对人类自身存在、存在的方式和生存环境的理论自觉，并进而上升为理论把握，这种本质已决定，哲学既不能局限于对某个民族或国家的特殊性和时代性的把握，也不能囿于对亘古不变的全球普遍性和永恒性的认识，而应当是特殊性与普遍性的统一，时代性与永恒性的统一。"[33]道德的历史继承性决定了伦理范畴中的确存在一些永恒的、普遍的原则，这些原则作为道德底线要求全人类共同遵守，以保证人类最基本的生存秩序和正常交往。1993年8~9月，在美国召开的世界宗教议会大会上通过的《全球伦理——世界宗教议会宣言》中提出的四条戒律即"不杀人、不偷盗、不撒谎、不奸淫"作为普适伦理的金科玉律。这将从一个新的角度激励人类尝试为建构纳米技术伦理大厦的基石做出努力。

设计伦理学：基于纳米制药技术设计的研究

当我们用历史的辩证观点去看待伦理道德范畴时，我们必须承认各个民族和国家在具体历史时期的道德理论和具体伦理实践，它们在某些方面不同于其他民族和国家的道德理论和伦理实践。在这方面，学者们已踏上了探求之路，并取得了一些新成果，开启了新思路。有学者把德国哲学家克里斯多夫·胡比希提出的七条伦理战略准则作为构建纳米技术伦理的依据，即个体化处理、地区化处理、平行转移、追本溯源、禁止战略、推迟策略及妥协。[34] 在特定情况下，按照最大程度上保证主体的行为能力及传统价值的延续作为最高标准，具体问题具体分析。纳米技术被认为在未来是引发新的工业技术革命的高技术[35]，它的可持续和健康发展，是全球共同的愿景和理性追求。透过纳米技术伦理问题的林林点点现象，人们会触摸到现象背后的根源和沉思一种新的伦理理念。而一种新的伦理观的确立，其基本立场既要克服技术的乐观主义倾向，也要防范步入技术的悲观主义误区。技术的"中道"立场是解决技术伦理困境的通途，它强调以人为本、不偏不倚，正如"男女授受不亲"，但"嫂子溺水，小叔也要援之以手"的道理所在。"安全与可持续"原则，在保证纳米技术对人类健康的安全性、纳米技术知识产权的保护、纳米技术信息的公开透明、纳米技术关涉的隐私保护、纳米技术对环境和生态的影响等方面，不仅彰显浓重的人文主义色彩，而且在客观上重合了人类可持续发展的理念追求和目标选择，必将在纳米技术普适伦理建构的过程中发挥总的指导作用。

在高科技决定命运的时代，人类理应奋力搏击、迎头赶上，只是不应在对工具理性狂热追逐的过程中丧失冷静的头脑和一颗善良的心，应禁止任何一种越界行为，维持人类社会的可持续发展，将人类引向充满光明的美好世界。

参考文献

［1］马尔施.生物医学纳米技术［M］.吴洪开译.北京：科学出版社，2008：146

［2］De Jong W H, Roszek B, Geertsma R E. Nanotechnology in medical applications: possible risks for human health［EB/OL］. http: //nanobio-raise.org ［2008-08-30］

［3］Bawa R，Johnson S. Emerging issues in nanomedicine and ethics［A］// Allhoff F，Lin P. Nanotechnology & Society：Current and Emerging Ethical Issues［C］.Springer Science，Business Media B. V.，2008：207-223

［4］冯卫东. 石棉状的碳纳米管可引发罕见的恶性间皮瘤［EB/OL］.http：/scitech.people.com.cn/GB/7326465.html［2008-06-09］

［5］孙望强，谢长生.纳米技术在药学研究中的若干应用（二）：胶体药物载体［J］. 材料导报，2004，18（12）：68

［6］赵迎欢，等. 论纳米技术共同体的伦理责任及使命［J］. 科技管理研究，2011，（1）：238-242

［7］刘元方，陈欣欣，王海芳. 纳米材料生物效应研究和安全性评价前沿［J］. Chinese Journal of Nature，2011，33（4）：192-197

［8］黄军英. 发展纳米技术的潜在风险及对策［J］. 中国科技论坛，2006，（5）：110-113

［9］赵宇亮. 纳米颗粒的毒性问题［EB/OL］.http：//www.cxkj.info/new/article.asp? id=979&typem=8［2009-04-28］

［10］European Commission：health & consumer protection directorate-general. Scientific committee on emerging and newly identified health risks（Scenihr）［EB/OL］.http：//nanobio-raise.org/group/editors/menus/main/activities/view［2008-08-30］

［11］Sheetz T，Vidal J，Pearson T D，et al.Nanotechnology：Awareness and societal concerns［EB/OL］. http：//www. sciencedirect.com/science？_ob［2008/04/21］

［12］van den Hoven J，Vermaas P E. Nano-technology and privacy：on continuous surveillance outside the panopticon；journal of medicine and philosophy［J］. Journal of Medicine & Philosophy，32（3）：283-297

［13］纳米技术将彻底改变人类世界［EB/OL］. http：//blog.sina.com.cn/s/blog_542d81750100ep8i.html［2009-09-11］

［14］赵宇亮，柴之芳.纳米毒理学［M］. 北京：科学出版社，2010：1-10

［15］常雪灵，祖艳，赵宇亮. 纳米毒理学与安全性中的纳米尺寸与纳米结构效应［J］，科学通报，2011，56（2）：108-118

［16］张阳德. 纳米生物技术的发展前景［J］. 化工文摘，2003，（10）：8-9

［17］蒋晓文.纳米技术安全性研究的进展［J］.西安工程科技学院学报,2006,20(5):637-639

［18］郭瑜桥,王树恩,王晓文.技术风险与对策研究［J］.科技管理研究,2004,22(2):60-63

［19］梁兴杰,赵宇亮.新型纳米药物克服肿瘤化疗抗药性［J］.中国基础科学,2010,(5):18-23

［20］张阳德,刘新生,张浩伟.纳米生物技术在外科临床的应用［J］.中国内镜杂志,2006,12(10):1009-1013

［21］王玉,王东凯,孙念.pH-敏感型纳米制剂概述［J］.中国药剂学杂志,2009,7(2):72-76

［22］杨磊,史朝晖,邱立朋,等.奥扎格雷纳米结构脂质载体的制备及体外评价［J］.中国新药杂志,2012,21(11):1301-1305

［23］Sheetz T,Vidal J,Pearson T D,et al. Nanotechnology:Awareness and societal concerns［EB/OL］.http://www.sciencedirect.com/science?_ob［2008/04/21］

［24］Moor J H. Why we need better ethics for emerging technologies［A］// van den Hoven J,Weckert J. Information Technology and Moral Philosophy［C］.Cambridge,New York:Cambridge University Press,2008:31,37

［25］余家会,任红轩,黄进.纳米生物医学［M］.上海:华东理工大学出版社,2011:195

［26］舒尔曼.科技文明与人类未来［M］.北京:东方出版社,1995:120

［27］Adam R,David A. Get ready for nanotechnology［J］.Newsweek,1997:52-53

［28］联合国教育、科学及文化组织.纳米技术的伦理、法律和政治含义［J］.中国医学伦理学,2008,(2):18-21

［29］卡尔米切姆.技术哲学概论［M］.殷登祥,曹南燕译.天津:天津科学技术出版社,1999:12

［30］Jonas H S. Dasprinzt pverant wor tungver sucheine:Ethik Furdie teehnologis chezivilisation［M］.Frankfurt,1984:7

［31］肖爱华.纳米技术的社会问题研究［D］.山西大学硕士学位论文,2007

［32］伍建军.技术的伦理沉思与技术伦理构建［D］.湖南师范大学硕士学位论

文，2008

　　[33] 谢地坤.道德的底限与普适伦理学 [J] .江苏社会科学，2004，（1）：74-79

　　[34] 刘扬. 关于纳米技术的伦理思考 [D] . 大连理工大学硕士学位论文，2006

　　[35] 中国科学院纳米技术科技领域战略研究组. 中国至 2050 年纳米科技发展路线图 [M] . 北京：科学出版社，2011：10

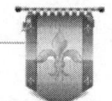

第四章
纳米制药技术风险及评价体系

对于人类自身而言，纳米技术的安全性问题在于人类接触纳米材料后所产生的结果。从暴露途径分析，人类暴露在纳米材料中的途径有四种：皮肤接触、呼吸摄入、消化道食入和药物注射。[1]可见，对纳米药物和纳米制药技术进行风险分析是保护人类健康的重要议题。荷兰学者Sabine Roeser在她的著作 *The Ethics of Technological Risks* 中指出，"风险分析是伦理学的一个分支，因为它本质上是规范性的并且关注重要的伦理问题"[2]。研究纳米制药技术风险及评价，首先应靶向药物的技术设计，因为药物创新的源头在设计环节。

第四章　纳米制药技术风险及评价体系

第一节　药学实验设计与数据管理

一、药学实验设计的科学性与伦理正当性

我国《药品注册管理办法》规定，必须用设计完善的实验来证明新药安全、有效，但该办法并未对药物研发实验过程中的数据及设计理论进行规范。因此，严格规范药物研发实验过程尤为重要，否则由药物研发实验产生的风险将会在新药临床试验阶段引发放大效应，从而导致不可预知的影响。如果科研人员在药物研发阶段严格遵守科学规范，那么药物将具有较高的安全性和科学性，在后续的实验中其可靠性也会相应提高。可见，将伦理学研究前移至药物研发的设计过程中是防范技术风险的源头。

实验生成的数据和使用数据如同人类行为一样，都会引发相关的伦理问题，如滥用统计方法，发表虚假数据。某些实验员明知实验数据不具有某种统计方法计算的前提，但为了得到较好的实验结论，人为干预强制性地使用该统计方法，以满足实验者对结论的需求。显然，这种原始数据获得的失真对后续研究及科学发展会产生不良影响。此外，还有些研究人员，为了追求专业发展，发表虚假数据，这是严重的伦理道德问题。因此，如何有效地检验和控制实验数据的真实性及运用的合理性，是保证实验研究符合伦理道德的基础和前提。导致实验数据伦理问题产生的原因如下：第一，实验设备落后、长期使用的不稳定性，使实验数据严重偏离真实值；第二，由于实验人员对数据记录的不合理、数据记录模糊、数据丢失等人为客观因素引起数据差异；第三，由于实验操作人员的技术水平、实验环境和条件改变等因素参差不齐，导致数据一致性较差；第四，个人主观思想主导数据的改变和修正，制造不符合实际的伪数据；第五，基于商业利益目的考虑，药物研发单位接触并更改数据，造成实验伪结论。以上现象和原因提示我们，药物研发实验中缺失数据规范将直接影响实验的科学性和真实性。

实验数据的不合理运用会产生严重的后果，甚至与实际结果的背离，引发严重的伦理问题。这种伦理问题的产生具有较深的隐藏性，不易被发现，有时很难从表面或实际拟验中证实。

1. 误用统计分析方法导致结论差异

为了达到实验设计及结果的有效性，实验者强行进行数据的合理性分析，使结果与实际产生背离。例如，在《欧洲药典 7.5》（*European Pharmacopaeia 7.5*）中，生物活性标定实验 5.1.1[3]，按照《欧洲药典》规范进行"大鼠皮下注射促肾上腺皮质激素的测定"，采用平行线法完全随机实验设计，试估计两个实验组（T，U）的效价真实值是多少？经过采用 Regustats 1.0[4] 软件（以下统计均采用该软件）进行计算，可得到如下结果（图4.1）。

可靠性分析结论
整剂量试验。 回归有非常显著性差异，有统计学意义，回归方程有效。 非平行有显著性差异，至少有一组直线与其他不平行。个别组有离群点，请剔除该组或剔除异常值后重新统计
试验可靠性检验失败，结论不具有统计学意义，结论可信度较低，使用需谨慎

图4.1 大鼠皮下注射促肾上腺皮质激素可靠性分析结论

其回归直线分别如图4.2、图4.3所示。

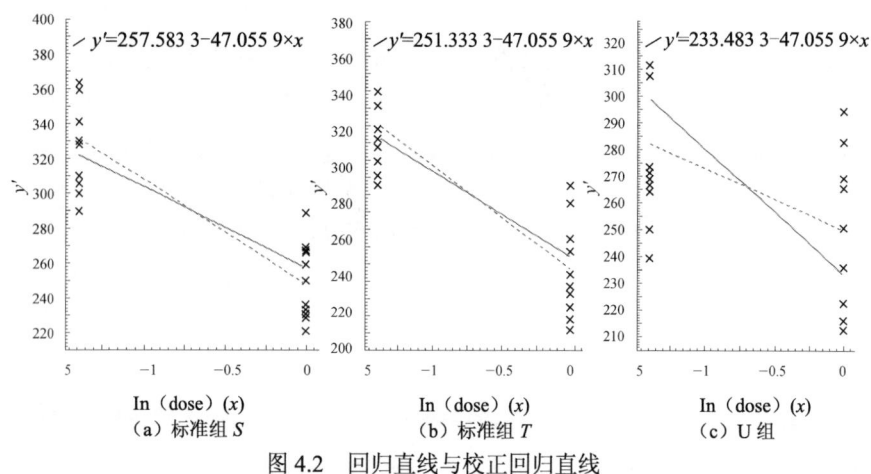

图4.2 回归直线与校正回归直线

图 4.1 可知，结论中提示存在个别离群点或异常值，需要剔除后重新检验。由图 4.2 可见，第 U 组的校正回归直线（实线）与非校正回归直线（虚线）偏差较大，影响正确判断 3 组的量效关系，所以可靠性分析结论失败。但是，实验者为了达到研究目的，忽视对原数据图像及可靠性分析的结论，采取强制性平行关系分析，不考虑校正前后数据平行的真实情况，从而得到完美（绝对平行）回归直线图像（图 4.3），误导读者。

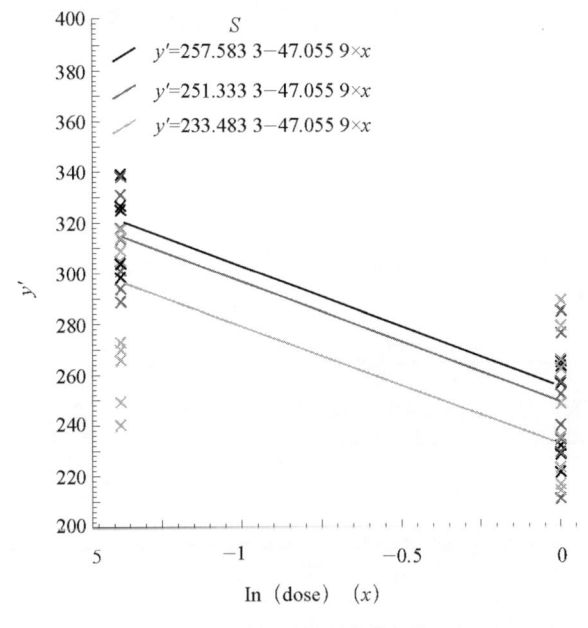

图 4.3　三组校正回归直线

可见，上述 3 组实验的原始数据无法构建平行量效关系直线，实验结论无效，但实验者为使结论有效、可靠，人为干预分析数据，强制建立平行量效关系。这是极不尊重实际实验的统计分析做法，如若实验者未提供原始数据，我们很难看出图 4.3 为非平行关系直线经干预后而得到的效果图，将不能及时发现实验存在的不合理性。实验者违背科研规范，误用统计分析方法、滥用数据，导致严重伦理问题，因此建议实验者在统计分析时必须提供原始数据，以便验证。

2. 人为操作失误导致异常数据

在药物检定实验中，由于人员操作或测量失误造成实验结果出现误差，从而导致个别数据出现异常。异常数据的出现会掩盖实验数据的变化规律，以致使研究对象变化规律异常，得出错误的结论，由此引发不可预知的伦理问题。下面，我们以平行线随机区组设计为背景，结合药物实例进行异常数据检测的演示，如利用小鼠离体子宫法对某缩宫素进行完全随机实验设计的效价测定实验[5]。两组实验小鼠的子宫收缩高度见表4.1（注：d_{s_i} 表示标准组 S 第 i 个剂量；d_{t_i} 表示实验组 T 第 i 个剂量）。

表4.1　小鼠的子宫收缩高度数据　　　　　（单位：毫米）

d_{s_1}（0.006 75 U）	d_{s_2}（0.009 U）	d_{T_1}（0.007 95 U）	d_{T_2}（0.010 6 U）
39.50	68.00	41.00	71.00
37.00	62.50	36.00	53.00
35.00	63.00	37.00	62.00
31.50	58.00	15.00	60.00
30.00	50.00	35.00	60.00

经专业软件运行后，得到结果见图4.4、表4.2。

可靠性分析结论
试品间无显著差异。
回归有非常显著性差异，有统计学意义，回归方程有效。
非平行无显著性差异，可认为多组直线平行
试验结论有效，可靠

图4.4　小鼠子宫收缩的可靠性分析结论

表4.2　小鼠的子宫收缩数据分析

实验组	效价	相对标示效价变化率/%	相对估计效价变化率/%	标准误（Sm）	可信限率/%
下限	7.96	79.6	94.2	0.012	5.95
估计值	8.45	84.5	100		
上限	8.966	89.66	106.11		

第四章　纳米制药技术风险及评价体系

从结论上看，上述分析无任何不当之处，直观上可完全接受，但实际情况并非如此。由表 4.1 可知，数据值 15.00 与其所在列中多数数值均远离较大，猜测此可能为异常数值。经 Dixion、Hampel 检验法进行异常值检验，得出结论：表 4.1 中第 3 列第 4 个数值 15.00 确为异常值，需合理替换后才可进行统计分析，统计结果如图 4.5、表 4.3。

可靠性分析结论
试品间无显著差异。
回归有非常显著性差异，有统计学意义，回归方程有效。
非平行无显著性差异，可认为多组直线平行
试验结论有效，可靠

图 4.5　判别异常值后的可靠性分析结论

表 4.3　判别异常值后的数据分析

实验组	效价	相对标示效价变化率/%	相对估计效价变化率/%	标准误（Sm）	可信限率/%
下限	8.282	82.83	95.89	0.0084	4.24
估计值	8.638	86.38	100		
上限	9.015	90.15	104.37		

由表 4.2、表 4.3 可知，它们在估计值及其区间端点有很大差异，即估计值前后相对差异为 2.22%，变异的稳定性前后相对差异为 29.534%，可见异常值替换前后结论差异非常显著。显然，异常值变换后，数据更加稳定，结论更加可靠，更适合后续研究。

若要有效地进行科学实验，则需科学地进行实验的统计设计。所谓统计设计，即指设计实验过程，使所收集的数据适合于对应统计方法，得出有效和客观的结论[6]。若要得到合理的统计并有效地分析数据的真实意义，就需要用科学的实验设计。一般而言，不同的实验设计对应不同的统计方法，即使数据相同，但采用不同的设计，其结果也会不同，这就要求我们运用辩证的思维[7]，合理地设计实验方案、有效地运用统计方法。任何一项实验都存在实验设计和数据统计分析两方面问题。二者紧密相关、相互制约。因此，实验设计合理与否，对实验结果影响颇

83

深，客观上也产生不可预估的伦理问题。

实验设计方案的科学性直接关系数据的合理性和可靠性。不科学的实验设计方案会导致数据出现巨大的偏差。例如，在《欧洲药典7.5》中，生物活性标定实验 5.1.2[3]，按照《欧洲药典》规范利用"矩形托盘测定抗生素琼脂扩散"，采用平行线法拉丁方设计。实验所用拉丁方设计如表4.4所示，试估计实验组抗生素琼脂扩散数值。

表4.4 拉丁方设计

1	4	5	3	2
4	6	1	2	5
5	3	2	1	6
3	2	6	4	1
2	5	3	6	4
6	1	4	5	3

通过上述实验规定的拉丁方设计，进行合理的数据分析，则可得到下述结论（表4.5）。

表4.5 拉丁方设计的数据分析

实验组	效价	相对标示效价变化率/%	相对估计效价变化率/%	标准误（Sm）	可信限率/%
下限	5092.369	90.94	93.33	0.014	6.88
估计值	5456.367	97.44	100		
上限	5843.362	104.35	107.59		

若上述数据未按照拉丁方设计，忽略拉丁方设计提供的设计方案，而采用常规完全随机实验设计方案进行统计分析，则将得到表4.6中所示结论。

表4.6 完全随机设计的数据分析

实验组	效价	相对标示效价变化率/%	相对估计效价变化率/%	标准误（Sm）	可信限率/%
下限	4996.907	89.23	91.58	0.019	8.96
估计值	5456.367	97.44	100		
上限	5953.088	106.31	109.1		

由表 4.5 和表 4.6 可知，二者可信限率存在很大差异（6.88%与8.96%），相对差异率为 27.33%，偏差具有统计学意义。由此可见，在实验数据完全一致的前提下，采用不同的实验设计方案，两结果将存在较大差异。因此，实验设计方案不同，结果也会不同，如何正确地选择实验设计方案是科学地进行实验的前提和基础。

为使药物研发实验更具科学性、有效性，防范伦理问题的发生，最终为临床试验提供可靠、真实的结论，需有效预防和控制数据规范问题，其具体措施如下：

第一，电子化管理实验数据。对实验数据进行科学管理和有效搜集，是实验中控制统计方法失误引发伦理问题的根本。只有有效、可靠的数据，才能得到正确的结论。科学、有效地管理实验数据，是实现实验高效、结论可靠的基础和前提保障。很多国家对实验数据的科学管理均有相关的规范要求，尤其在计算机高速发展的今天，电子化管理数据已成为主流。故我们在数据管理上提出五种规则：①数据采集过程中，可进行自动采集，不进行人工采集；②数据要建立检索和存储专业库，以便日后检索和共享使用；③定期对数据进行分析，及时发现异常数据或不规范的实验结论，避免出现实验设计数据的漏报、错报情况；④尊重数据来源，建立第三方监管机构，避免因某些私人目的实验者或药物研发单位人为篡改数据；⑤定期备份数据，保证数据的安全性，防止数据丢失等意外情况发生。

第二，做合理的实验设计。合理的实验设计是避免伪结论发生、有效控制伦理问题的关键。合理的实验设计是具有明确实验目的、运用正确的实验原理、选择有效的实验模式、选用恰当的实验材料的一种实验设计。实现该设计需遵循三个原则：①科学性原则。只有运用科学的实验原理，采用正确的实验方法，才能得到无偏的数据。②对称重复原则。要尽可能地保证每组实验样本容量相同，存在重复性实验。③实验条件稳定原则。要在统一实验条件的情况下进行各种实验，确保数据获取条件一致，降低数据的误差。在药物研发实验中，只有采用合理的实验设计和有效的统计方法，才能计算出更为准确的结论，避免伪结论。

第三，改进实验设计方法，优化实验设计。进行实验前，要尽可能设计或改进实验方法，在满足科学统计与分析的前提下，使受试的活体对象尽可能少，尽可能不进行处死实验，优化实验设计。优化实验设计的基本原则是：①最小化原则。实验对象尽可能少，减少受试体的数量，遵循科研伦理道德原则，尽量避免不必要的伤害。②简单性原则。根据实验目的，尽可能选择相对简单、合理的实验设计方案，数据的采集要严谨，表达要简洁，书写要规范。③效益最优原则。实验过程中，深入了解需选择的实验方案，合理选择并进行实验，节约资源、提高效率。

第四，采用虚拟实验、计算机模拟等现代化手段代替传统方式[8]。若以探索性为目的的实验，应选择虚拟实验，既降低实验成本，又可将实验伤害降至最低，符合科研伦理道德原则。实现研究手段现代化的基本原则是：①成本递减原则。尽可能应用计算机虚拟仿真技术进行科学实验，模拟实验过程和数据的产生。②风险最小化原则。若能采用虚拟实验，则不可进行真实实验，用模型研究原型以实现风险最小化的伦理道德准则。

第五，确保实验数据的完整性。实验结果应具有良好的可逆性，应可根据结论逆推出原始数据的真实结果。因此，在实验数据录入和整理过程中，需具有完整的数据基本信息，同时在发表的文章和出版的著作中，数据信息一定要完整可靠，为逆推已有的实验结论、验证结论可靠性奠定基础。

综上可见，规避实验数据和设计带来的风险，必须将伦理研究前移至药物研发实验阶段和技术设计环节，其作用和影响等价，甚至超越临床试验的研究，因为设计是研发的起始阶段，也是防范药物风险的锁钥[9]。在药学研发实验过程中，常常会遭遇伦理问题，如设计有效的实验方案、科学地采集和分析数据、确定实验动物数量、决定动物是否处死及处死方式等。如何有效地在技术设计阶段检验、控制或减少伦理道德问题的发生将成为未来研究的热点。

二、纳米制药技术设计三维伦理问题

技术是人们改造客观世界的物质手段，技术具有过程性[10]特点。在技术的生命周期中，技术研发是技术生产、销售、使用和管理的初始阶段，而技术设计又是技术研发的起点，其实质是人化自然的过程。作为连接人与自然联系的技术，既是人化自然的展现，同时也是人类实践智慧的彰显。在技术设计过程中关注伦理问题的研究，是确保技术积极价值实现的关键。纳米制药技术设计的伦理问题主要表现为安全性设计、可持续性设计和社会发展性设计，其旨归是人文精神。

问题是科研的起点，提出问题是进行科学研究的第一步。研究纳米制药技术引发的相关问题，必然会从技术发展的起始阶段切入，这是研究中不能绕开的现实问题。由于本书限定在设计伦理视域下，所以客观决定了纳米制药技术风险研究首先从药物设计开始。加之前述对药物研发中的伦理问题进行了普遍探索，为以下聚焦纳米药物设计奠定了基础。

众所周知，伦理的概念自在地包含着各种关系以及处理这些关系的道理、原则和规范。在人类发展的历史长河中，各种道德现象的表现均可以用三个伦理关系加以概括，即人与自然的关系、人与社会的关系、人与人的关系。在人与人的关系中既包含着个人与他者的关系，也包含着个人与自我身心的关系。技术是人类创造发明的成果，是联系人与自然关系的桥梁和纽带。技术与自然的关系其本质也是人与自然的关系，更深层意义表现为人与人及人与社会的关系。从上述三个伦理关系入手，我们会清晰地看到技术设计的伦理问题也必然是上述三个伦理关系的反映。尽管在技术对人、对自然、对社会的关系中表现异彩纷呈的各种现象，但归根结底，伦理问题的表现是安全、可持续和促进社会发展。在这样的认识基点上，纳米制药技术设计的伦理问题可以概括为安全性设计、可持续性设计和社会发展性设计。

安全性设计是确保人、技术、人之间良好关系的根本要求。任何一项技术发明和技术创新如果失去了安全性保障，也就失去了其存在的价值。试想，一个技术设计者设计的轿车没有安全性就会导致驾驶员和乘车人乃至行人有生命危险；一个技术设计者设计的药品没有安全性就会导致患者经受更大的痛苦乃至面对失去生命的危险；一个技术设计者设计的大桥没有安全性就会导致经过大桥的人或车面对失去财物乃至生命的危险；等等。所有这些也在另一个角度表明技术风险是客观存在的，而要规避技术风险，合理的技术设计是重中之重。合理的、适宜的纳米制药技术设计首先应该实现安全性需要。安全关涉人的健康、生命和福祉，在这个意义上，安全是具有伦理意义的概念和范畴。合成的纳米化学药品能够走向市场为患者服务的第一个前提就是安全，没有安全性的药品是"危险品"。众所周知，"是药三分毒"，设计的药品要做到毒性最小、风险最低、安全性最高。国家为保证药品的安全性有一整套的管理规范，并要求在动物实验之后的人体试验和上市后的不良反应监测。安全性体现人道性，安全性也是高于经济利益考量的最高准则。

可持续性设计是确保人、技术、自然之间良好关系的根本要求。自然是人类生产和生活的依托，没有自然资源的有效利用，人类就无法前进和发展。可持续性要求人类在今天要合理地、适宜地利用自然资源，不能因为满足当代人的需要而损害后代人生存和发展的需要。可持续要求做到世代公平、代内公平，可见公平是可持续的核心要义。纳米制药技术设计要考量可持续性，就应该将技术对生态环境的影响纳入视野，就应该将技术设计的产品的可回收和重复利用作为技术设计的目标之一。技术产品对环境的影响包括对水体的影响、对大气的影响、对土壤的影响和对人们生产、生活的周边环境的影响。由于纳米级粒子材料的毒性尚未完全知晓，加之纳米级粒子在空间的弥漫，都会影响生产工人以及周边的居民的身体健康，以及损害环境。不仅如此，纳米药物的废物处理也是一个棘手的问题，纳米载体的废物将在地下水中蓄积，形成垃圾场[11]。这些显现的问题对纳米药物的设计者提出了尖锐的伦理道德挑战。

社会发展性设计是确保人、技术、社会之间良好关系的根本要求。人类创造技术的直接目的是改善人们的生活，使人类的明天更美好。但如果技术不能达到这样的预期目标，也就失去了意义。社会为人们的发展提供条件，人为社会的进步发展创造手段，二者相辅相成、相互促进。技术的社会影响以及技术对社会的形塑都表明技术设计要考量技术的社会发展性设计。公正是社会发展性设计的核心概念。纳米药物设计同样存在这样的社会发展考量，如超出纯粹的治疗应用，纳米医疗将使人类增强的形式成为可能，如伸展人类的认知能力、扩展体能，从而能够丰富人类的生活和福祉[12]，而从成本-效益的角度看，关涉纳米药物的研发周期长，并且因此具有高的投资风险[13]。例如，接受新的药物制剂价格昂贵，速度缓慢，需要花费 15 年时间获得没有成功保证的新药配方的许可[11]。这些事实表明，纳米药物至少在短期内是相对昂贵的，因此成本可能增大国家内部和国家之间的富裕和贫穷的鸿沟[14]，并由此促成获得卫生保健的不平等。社会发展性设计就是要通过技术设计和改进实现社会的平等和公平正义。[15]

安全性设计、可持续性设计和社会发展性设计三者的关系纵横交织、盘根错节，你中有我、我中有你。这种技术设计的三维伦理问题是具有普遍性的技术设计问题，而技术设计三维伦理问题提出的依据是人类基本的伦理关系以及演绎的技术伦理关系。纳米制药技术设计三维伦理问题同样是上述问题在纳米制药领域的特殊表现，如图 4.6 所示

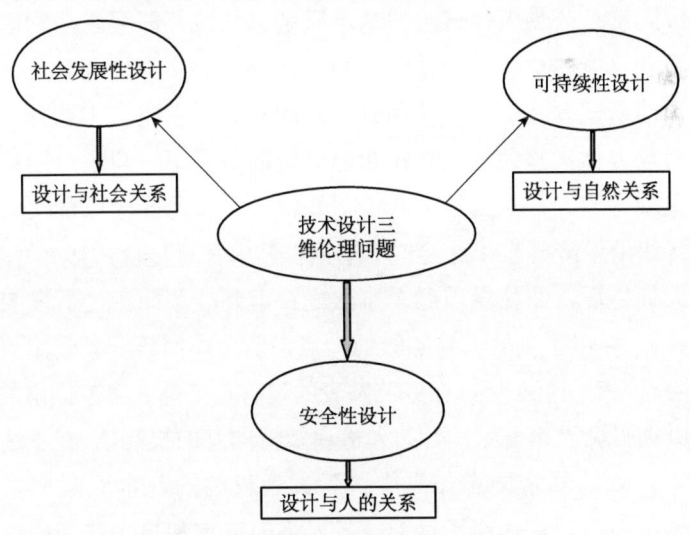

图 4.6 纳米制药技术设计三维伦理问题

第二节　纳米制药技术设计的现实问题

　　无论是安全性设计、可持续性设计还是社会发展性设计，面对的具体伦理问题都带有共性。这些伦理问题表现为知情同意的悬置、利益衡平的考量、技术风险的消解、药物设计者责任以及医疗保障的公平五个重要方面。

　　技术建构论关注技术与社会的互动关系，关注社会的政治、经济、文化、生态等诸多因素对技术的形成和发展产生的反向影响。建构性技术设计思想旨在解释和分析影响技术设计的因素以及这些因素之间的协同关系，探索各个因素在技术设计过程中的作用以及作用的途径等。以下研究将从五个方面详述具体问题在纳米药物设计实践中的特性及表现，并反向探索这些相关因素对纳米制药技术设计的形塑。

一、知情同意的悬置

　　知情同意是药物人体试验的基本原则。知情，即要求药物研发者对药品风险及可能的危害有清楚的认知，并将其如实告知药物人体试验的受试者，使受试者在清楚认识药物风险的基础上做出自主选择。同意，即表明药物人体试验的受试者在明知风险的前提下，自主自愿接受药物实验的主观愿望。在医药学实践中，知情同意作为药学人体实验的基本原则在《纽伦堡法典》和《赫尔辛基宣言》中都有体现。1946年，第二次世界大战之后，纽伦堡国际军事法庭在审判战争罪犯之后发表了《纽伦堡法典》，提出了关于人体实验的十点声明，声明第一条规定"受试者必须知情同意"。1964年，在芬兰发表的《赫尔辛基宣言》提出的人体实验道德原则强调"尊重受试者的人格和知情同意的权利"。在上述两个国际法典中，均将知情同意作为维护受试者权利的基本原则加以严格规定。可见，知情同意体现了对受试者人格的尊重和自主选择的尊重。但纳米药物由于其特性客观决定了某种程度的"不知情"或"不完全知情",使知情同意表现出悬置状态。同意要求受试者主体是有理性选择和自主决定能力的人。他不仅能够对自己的行动负责,而且能够比较和权衡利弊,以确保有效的知情同意。知情同意是对药物研究者提出的法律和伦理要求,它体现了以人为受试者的科研应遵循的三个伦理准则:尊重个人、受益和公平原则。[16]因此,纳米制药技术设计者理应将风险降到最低,并尽可能在确知风险的情况下,将药物投入人体试验阶段,确保受试者的安全和利益。

综合分析影响知情的因素可见,主要受三个方面因素的影响:一是纳米制药技术设计者(即科研人员)的知识及研究水平的限制;二是纳米粒子结构效应、尺寸效应和纳米药物剂量效应的复杂性;三是纳米制药技术设计者对技术风险的主观遮蔽。这些是制约知情完全性的因子。当我们反向探索这些因子对纳米制药技术设计的形塑时,提升纳米制药技术设计者的知识水平和增强其责任感就成为重中之重。

二、利益平衡的考量

技术风险具有迟延性特点,这是高技术共有的特性。无论是信息技术还是生物技术,当然也包括纳米技术。因此,对一种技术是否可开发和应用,主要考量技术风险与效益之间的平衡,当效益大于风险时,此种技术就是可开发的技术。目前的利益衡平考量原则通行于纳米技术相关领域,包括欧盟在内的许多国家和地区在纳米药物的审查时都坚持"非零风险"标准。

当然,纳米药物设计者要关注药物受试者利益。关于受试者利益及药物在健康人身上的试验是否道德的问题,应该以密尔的功利主义思想为基础,即为大多数人的幸福而付出和贡献就是快乐。因为人有个体差异,动物模型的药物试验在人身上会有各种不同的反应,所以以人为受试者的利他主义行为是符合人道主义要求的。这里的人的利益是多数人的利益保障与少数人的奉献相统一的。如果没有必要的药物人体试验,药物直接用于人体的疾病治疗,就会造成不人道的行为和严重后果。制定标准需要可靠的数据,真正的知情同意不能违背自主性原则。药物的临床前研究是上游（top-down）研究，也包括临床试验等，然后进入中试等下游（bottom-up）研究。上游研究的特点表现为技术的尖端性及伦理的尖锐性。

三、技术风险的消解

尽管前述了技术风险的特殊性，但是作为技术研发和技术设计人员，消解技术风险责无旁贷。从现有的药物管理过程可见，对制药技术引发的风险认识和控制显见出滞后性，一般都是在上市应用的后期进行不良反应监测，而对技术研发和设计初期的管控存在一定的缺失。当然，客观地讲，由于纳米药物特殊的理化性质能和体内许多靶点相互作用，甚至穿越血脑屏障、避开免疫系统识别、干扰正常细胞信号传导、在体内发生累积等[17]，可能会对人类本身、自然环境带来已知的或潜在的影响，继而引发一系列的社会问题。由于缺少开发经验和成熟的指导原则、技术要求，限制了纳米药物的研发，增加了研发的不确定性和风险性，同时也增大了对纳米药物研发监管的难度[18]。现代高技术由于其自身的先进性和复杂性，技术风险表现出新的特点，如"技术风险的常态化与隐蔽性、技术风险的知识依赖性、技术风险的跨时空性、风险的高度关联性及其具有更强的扩散性和更大的危害性"[19]，均显见出技术风险既是测度问题，更是建构问题。它既有自然属性，也有社会属性。其自然属性表现为技术风险的客观性，而社会属性表现为人们对技术风险的认知性、可感知性和风险显在性。可见，消解技术风险是实现技术正价值的永恒话题。

四、药物设计者责任

药物设计是消解技术风险的源头。早在20世纪90年代，美国生物学家巴里·康芒纳就提出，应采用技术方法对技术风险进行源头治理的思想。他在《与地球和平共处》一书中特别指出，为了治理地下水的污染问题，美国采用了洗涤剂中去除磷的技术方法，使得生态环境得以切实改善。由此可见，对技术设计进行源头控制是消解技术风险的有利手段。

对药物设计而言，源头在于设计者。设计者具有责任和使命感是解决一系列技术困境的有效手段。因为结构与功能关系的原理告诉我们，要优化功能必须调整结构。结构优，功能才会优，而有能力对结构做出优化的是药物设计者。例如，严重危害人类健康的肿瘤疾病目前是医学和药学面对的难题，肿瘤细胞中由于细胞内凋亡信号通路的异常，常常使肿瘤细胞能够逃脱内源性因素或外源性药物引发的细胞凋亡，导致肿瘤的发展或耐药。半胱天冬酶-3 酶原（procaspase-3）是细胞内凋亡信号通路中重要的下游执行蛋白，且在多种恶性肿瘤中表达增高。据科研成果报道，2006 年国外学者发现 PAC-1（procaspase activating compound 1）可以通过激活 procaspase-3 发挥抗肿瘤作用，对于 procaspase-3 高表达的肿瘤细胞株和在体移植瘤有生长抑制作用。直接激活 procaspase-3 能够不受上游凋亡信号通路异常的影响直接杀死肿瘤细胞，进一步开发更加高效、高选择性的 procaspase-3 激活剂作为潜在药物，对肿瘤治疗具有重要意义。科研人员针对 procaspase-3 靶点，合成并筛选得到具有显著抗肿瘤活性的 PAC-1 衍生物 WF-210（专利号：ZL201010139255.8），并重点对 WF-210 的药效和机制进行考察，取得突破性成果。[20] 可见，在纳米制药技术研发设计实践中，以技术手段不断消解技术风险仍然任重道远。

五、医疗保障的公平

技术研发实践中的公平不仅关涉纯技术领域，而且关涉社会公共领域，正如罗尔斯认为的社会必需品——分配公平的思想一样，纳米药物作为人类与疑难疾病抗争的资源，也必将受到人们的普遍关注，并使得人们在思想观念、行为追求等方面嵌入公平和公正理念，使得社会和政府在制定相关医药卫生政策之时嵌入道德因素的考量。

众所周知，我国自 2009 年 8 月正式启动国家基本药物制度以来，卫生部先后印发了《关于建立国家基本药物制度的实施意见》《国家基本药物目录（2009 年版）》《国家基本药物目录管理办法（暂行）》《国家基本药物临床应用指南》《国家基本药物处方集》等相关文件，有关部门出台了国家基本药物定价、报销、采购、质量监管，以及基层医疗卫生机构补偿、化解债务、乡村医生队伍建设等配套文件。基本药物是指适应基本医疗需求、剂型适宜、价格合理，能够保障供应，公众可公平获得的药品。它突出强调了公众药物可及性的特点，反映了社会必需品分配的合理性，以确保合理利用有限的医药卫生资源。

但是作为最先进的纳米药剂目前尚未进入国家基本药物目录，一方面是因为研发处在"进行时"；另一方面也存在对风险的"未知"及价格昂贵等原因。这种情况反映出目前医疗保障方面公平性的缺失，同时，也为纳米药物在技术设计时降低成本提出了思考路径和空间。正如康德所言："如果公正和正义沉沦，那么人类就再也不值得在这个世界上生活了。"[21] 罗尔斯也说："假如正义荡然无存，人类在这世界生存，又有什么价值？"[22] 哲学家的忧虑为人类在科技发展的里程中促进社会公平和公正靶向了目标。

纳米药物资源的短缺或许在相当长一段时间内是客观存在的，但是作为具有能动性的人类主体来讲，以技术的方法解决资源不足问题是可行的和能够实现的。认识到问题的存在是解决问题的前提，正确面对和正视问题同样是解决问题的基础。

第三节　纳米制药技术风险评估体系的建构

伴随纳米制药技术向纵深发展，引发的问题日益彰显。除了人们一般关注的伦理问题如健康、生态环境和社会影响之外，越来越多的研究已经开始聚焦纳米制药技术风险评估。依照一般的风险理论，进行技术风险控制主要关涉风险识别、风险评估、风险管理、风险沟通四个阶段。从目前的纳米制药技术研发中可见，风险识别与风险评估呈现交集状态，因为纳米级物质的特性客观决定进行风险识别和评估的复杂性。

第四章 纳米制药技术风险及评价体系

尽管这种评估的复杂性客观存在，但是进行风险评估和治理势在必行。

一、纳米制药技术设计与技术风险的建构性评估

药物风险研究已经是普遍现象，其宗旨在于确保药品安全和有效，实现维护人类健康之目标。但纳米制药技术风险评估由于缺少应有的充分数据，而呈现风险评估滞后状态。尽管目前美国 FDA 在组织专家组着力研究和解决相关问题，但截至 2014 年 12 月尚未有明确的纳米药剂安全性评估的规范出台[23]。而事实上伴随越来越多的纳米药物走向市场，风险评估已经成为题中之意，因为药品的价值负荷客观决定其负面作用存在，尤其对纳米药剂，除了呈现一般药物的负面性，还会伴随着纳米尺寸效应、纳米结构效应及纳米级物质材料特性带来的负面效应，这种双重负面影响客观上增加了对纳米制药技术风险评估的难度和复杂性。为了有效控制风险发生，仅凭借预警原则已经显得苍白无力，因为纳米级物质的不确定性决定了预警的无知或无知的预警，或许只有当风险事实发生之后，人们才会采用滞后性的弥补方法治理和控制风险。可见，对纳米药物生命周期的其他阶段而言，要做到真正的预警性控制风险是很难的事情，但对药物设计阶段的设计者而言，控制和降低风险是其职责所在，并且可以做到有知的预警，因为药物创新的源头在设计环节的结构优化和材料选择。

回顾历史上的"药害"事件，严重之至的当属"反应停"事件。而"反应停"事件之所以在欧洲发生而没有在美国发生，原因除了美国有严格的审查制度之外，还有一个重要原因在于其重视药物安全性评价的数据。对一种药物进行安全性评价要有充分的、全面的数据支持。而"反应停"仅有的动物实验数据不足以支持在人体使用后的安全性评价，因此，当年美国 FDA 未许可其进入美国市场，从而避免了一场灾难。目前已经上市的纳米药物，究竟风险如何？谁人知晓？因为当下的审查规范没有明确的数据，仅按照原有的一般技术标准审批，因而客观孕育了风险的未知程度。但随着研究的深入，科研人员已经清楚某些纳米药物的设计需要个性化，个性化设计[24]是纳米药物设计的必由之路，因为纳米物质的结构效应和尺寸效应会改变纳米级物质的性质，甚至有时出现效应的逆转。科学家用斑马鱼胚胎模型试验研究了 11 种尺寸相同的纳米颗粒的毒性，包括氧化铝、二氧化钛、氧化锆、氧化钆、氧化镝、氧化钬、氧化铒、氧化铒、氧化钇、二氧化硅以及铝掺杂的氧化铈纳米颗粒。斑马鱼胚胎暴露于含纳米颗粒的水中 5 天之后，50 毫克/升的氧化钬和氧化铒纳米颗粒引起显著的致死率，且 250 毫克/升的氧化钇、氧化钐、氧化镝纳米颗粒能够引起斑马鱼胚胎畸形，而其他纳米材料没有引起显著的毒性效应。[25] 上述材料中的许多均可以作为药物载体应用于纳米制药技术。它表明以科学数据为基础的风险分析和风险管理，有助于纳米技术健康和可持续发展，同时，以科学数据为基础进行风险评估[26]也是实现环境、健康、安全三方面善良目标的保障。

由于纳米制品的复杂性，欧盟评价纳米药品风险并没有采用"零风险原则"。只要效益与风险平衡，符合原初目的，就可以被许可[27]。这种评估原则呈现出风险评估的被动性，同时也显现出风险评估标准的宏观性，因为它把风险和效益看做是显见的事物。而事实上，风险是技术发展中的某种不确定性，不确定性意味着"未知""突发"和"或然"，单纯通过风险与效益比的评价，显然是不精准的。因此，在纳米药物设计过程中应该采用量化的技术风险评估方法，预先从各方面系统地对相关技术的利弊得失进行综合评价。目前，美国 FDA 已经投入大量资金用作研究，开发必要的数据和工具用以识别纳米材料的属性和已经上市的产品的影响。可见，美国 FDA 对纳米产品的管理需要强大的科学支撑[28]，由此客观表明人们已经开始将纳米药物风险的评估由上市后的监测转向研发阶段的设计，其基本的认识论和方法论指引是功能与结构的关系。要实现功能最优，调整结构是根本。而药物设计阶段的路径优化是控制风险的根本性措施。例如，中国上海的研究人员在攻克纳米抗肝癌药物的给药靶点，寻求最优的疗效。以抗癌药物治疗为例，纳米药物可以实现跨越"死亡之谷"。给药系统的改变，找到给药的定点，是提高药物疗效，防止化疗副作用的关键。可见，评估药物设计风险是极其微观的研究，因为设计的技术性强而且知识含量高。科学方法的评估靶向了技术数据的获得、分析和处理，着眼于技术数据和定量分析。

建构性技术评估靶向的内容除了技术数据，还有社会的诸多方面，这些方面包括知识提升、道德规范、法律制约及政策导向等四个主要维度。如果说一般的技术评估是科学家做的，那么建构性技术评估是依赖于人文社会科学家完成的。它以社会总体利益最佳化为目标，着眼于人与技术的关系，着眼于长期、重大、全局性的问题并承认技术具有两重性，由此彰显建构性技术评估[29]的本质及方法。因此，纳米制药技术风险评估既具有科学考量，也包含社会影响的评估。

二、纳米制药技术风险的建构性技术评估指标体系

技术哲学原理告诉人们，技术一般表现为技术过程和技术成果。技术成果是技术过程的终极追求。谈及纳米药物风险评估同样应该包括两个方面：一是对技术过程进行风险评价；二是对技术成果即纳米药物进行风险评估。对技术过程进行评价通常是按照药品的生命周期进行管理，如药品的研发、生产、流通、使用和质量监管。可见，以下建构的指标体系将上述两个方面交融，谈及纳米药物风险，必然包含着纳米制药技术风险，因为纳米药物是纳米制药技术的成果展现。除了对技术指标进行考量之外，对其他方面的考量也必不可少。从现有文献研究的分析中看到，至少应该从四个方面建构纳米制药技术风险建构性技术评估的指标体系。第一，纳米药物对健康的影响。在这项目标层的下面至少应该包括四个子因子，即药物自身的安全性对患者健康的影响、药物生产对工人健康的影响、药物粉尘治理不当对药厂周围居民健康的影响、药物生产垃圾填埋对土壤及地下水的影响以导致对人类健康的影响。第二，纳米药物对生态的影响。在这项目标层的下面至少应该包括三个子因子，即纳米药物载体材料废物对土壤的毒性影响、纳米药物载体材料废物对水质的影响、纳米药物载体材料废物对空气质量的影响。第三，纳米药物对社会的影响。在这项目标层的下面至少应该包括三个子因子，即纳米药物享用机会的不均等（倾向于使用者自身的条件限制）影响社会公平、纳米药物的使用限度（倾向于社会因素的制约，如资源短

缺）影响社会的公正、纳米药物的风险交流不畅通影响公众后坐力。第四，纳米药物对政策的影响。在这项目标层的下面至少应该包括三个子因子，即纳米药物的合理使用政策、纳米药物的基本药物政策、纳米药物的风险治理政策（表4.7）。

表4.7 纳米制药技术风险的建构性技术评估指标体系

目标层	指标层（影响因子）	性质特点
纳米药物对健康的影响	药物自身的安全性对患者健康的影响	设计责任，直接影响，具有显见性
	药物生产对工人健康的影响	劳动安全
	药物粉尘治理不当对药厂周围居民健康的影响	生存环境安全
	药物生产垃圾填埋对土壤及地下水的影响以导致对人类健康的影响	缓慢影响，具有长期性
纳米药物对生态的影响	纳米药物载体材料废物对土壤的毒性影响	缓慢影响，具有长期性
	纳米药物载体材料废物对水质的影响	
	纳米药物载体材料废物对空气质量的影响	
纳米药物对社会的影响	纳米药物享用机会的不均等（倾向于使用者自身的条件限制）影响社会公平	社会属性
	纳米药物的使用限度（倾向于社会因素的制约，如资源短缺）影响社会的公正	政治属性
	纳米药物的风险交流不畅通影响公众后坐力	公众属性
纳米药物对政策的影响	纳米药物的合理使用政策	科学性属性
	纳米药物的基本药物政策	公益性属性
	纳米药物的风险治理政策	社会效益至上

纳米药物对健康、生态环境和社会的影响在此前已经做了综合分析，而纳米药物对政策的影响也从反向方面揭示出政策调控对防范纳米制药技术风险的意义。合理使用纳米药物是科学性原则，药物的专属性、两重性、质量重要性和时限性这四个特殊性客观决定了人们在使用纳米药物时应符合国际合理用药标准，即药物正确无误；用药指征适宜；疗效、安全性、使用途径、价格对患者适宜；用药对象适宜；调配无误；剂量、用法、疗程妥当；患者依从性良好。将纳米药物列入国家基本药物是实现社会公益和保证公平的方向。与此同时，对纳米药物做

第四章 纳米制药技术风险及评价体系

风险治理是社会协同的综合过程。

认识论是以哲学的方式询问"我们能知道什么？"以及"怎样知道？"的问题。哲学本身包含着实践理性和反思判断：推理的形式更少地依赖形式的、抽象的和演绎的计算，而更多地倚重主观的考虑。[30]在科学研究日益注重定性与定量结合的时候，哲学的研究范式依然有其自身的反思性特点和其论域具有与现实的对抗性和批判性。[31]为有效实现对纳米制药技术风险建构性技术评估指标体系的完善，我们采用了文献研究方法进行归纳，同时采用德尔菲法给 10 位专家发放了问卷，这 10 位专家有 7 位是从事纳米研究的博士，有 3 位是从事纳米伦理和政策研究的人文学者。通过对专家打分的统计，剔除了非重要因子，确立了目标层和指标层的评估内容。之后，我们召开了专家座谈会，将指标层的因子进行筛选和调整，并对其性质进行界定和归类，形成上述图表。

三、纳米制药技术风险的建构性技术评估指标体系的理论基础

分析上述指标体系的科学性和完整性，我们能够总结以下两个方面的建构基础。一是利益相关者理论。从纳米药物对健康的影响足以见得利益相关者的关系，如设计者、使用者、生产工人、场地周围的居民，这些人与纳米制药技术过程及其结果均形成直接或间接的利益关系，具有利益链上的位次关系。整合利益相关者的利益关系并使之协调是确保纳米制药技术健康和可持续发展的必要条件。此外，从生态学原理考察，人类处在特定的生态位上，是生物链中的一个重要组成部分。如果人类自己的行为破坏了生态平衡，无异于断送了人类自己发展的未来，破坏了可持续性。因此，从广义的角度分析，对纳米制药技术风险进行分析和评估必然需要考量利益相关者的利益，因为利益是伦理本质的展现。二是马克思的"人本"理论。"人是目的不是手段"是马克思主义的基本观点。解释人的存在、人的本质、人的自由和全面发展，这是人本主义思想的核心。马克思的人本思想主要包括：以人为本，在经济、政治、文化和社会活动中坚持以人为中心，尊重人的权利，关心人的需要，强调人权和人的社会平等地位，使人实现全面而自由的发展。成为

自由人是马克思人本思想的核心和目标。马克思的人本主义思想超越了近代西方文化中的人本主义思想,人是社会的主体,只有人得到自由、解放和发展,才能推动社会进一步发展。可见,有效进行纳米制药技术风险的建构性技术评估是确保实现人的利益和发展目标的根本。

  社会是人类的集合体。同样人构成了社会的组分和单元。当然人的利益和需要的满足也就成为社会发展直接的动力来源。技术作为架接在人与自然之间的中介,实现着人类对自然的改造与控制,同时也与社会发生着千丝万缕的联系。但无论如何,技术的作为总是以人为目的的,技术与人的关系是一切技术关系的核心。可见,在技术发展的逻辑中,人的因素和人的目的始终嵌入其中,由此赋予给技术价值性。一言以蔽之,"人本"理论不仅是社会的理论,也是技术的理论。建构和形塑技术,"以人为本"必然贯穿于技术发展的始终。正如海德格尔所说:"盲目抵制技术世界是愚蠢的。欲将技术世界诅咒为魔鬼是缺少远见的。我们不得不依赖于种种技术对象,它们甚至促使我们不断作出精益求精的改进。"[32]

  纳米制药技术与人的生活世界息息相关,生活世界①由"社会秩序、个性与文化三者构成"[33]。人类有意识活动的直接目的就是善的目的。认识和评估纳米制药技术风险是改进纳米制药技术,提升纳米药物疗效和安全性的必由之路,尽管由于科学研究的滞后和数据的缺失[34]无法在当下做出实证研究,但建构性技术评估是在深厚理论指引下,与实践有机结合,有的放矢研究的具体表现。相信伴随纳米制药技术科学研究不断向纵深推进,纳米制药技术风险评估的实证研究数据会更加丰富、充分和完整。到那时,人类必将在"已知"和"明知"的情境下,安全地应用纳米制药技术成果维护人类的健康。

参考文献

[1] 任红轩. 纳米科技的伦理学观察 [J]. 新材料产业,2013,(7):49-53

---

 ① 生活世界是哈贝马斯社会本体论思想的一个基本论点。最早提出生活世界并将其作为重要概念来运用的是胡塞尔1936年发表的《欧洲科学的危机与先验现象学》。哈贝马斯发展了生活世界概念的内涵,提出了生活世界的结构为"社会秩序、个性与文化三者构成"。

［2］Asveld L，Roeser S. The Ethics of Technological Risks［M］.Earthscan in the UK，London·Sterling，VA.2009：6

［3］Kastner A，EDQM–Council of Europe. European Pharmacopoeia 7.5：Statistical Analysis［M］. 7.5th ed.Paris：Worldweide Book Service，2012：561-563

［4］谭德讲，项荣武.Regustats 1.0：单机版［M］. 北京：中国食品药品检定研究院；沈阳：沈阳药科大学. 2013：10

［5］国家药典委员会. 中华人民共和国药典：二部［M］. 北京：中国医药科技出版社，2010：132-143

［6］苏钧和. 实验设计［EB/OL］.http：//baike.baidu.com/view/1145320.html［2013-08-01］

［7］郭贵春. 自然辩证法概论［M］.北京：高等教育出版社，2013：120

［8］陈英茂，田嘉禾. 计算机模拟实验与实际实验的区别及优缺点［J］.中华核医学与分子影像杂志，2002，22（6）：371

［9］赵迎欢，王丹，綦冠婷. 纳米制药技术设计的伦理问题及责任控制机制［J］.武汉科技大学学报，2013，15（4）：354

［10］远德玉. 技术是一个过程——略谈技术与技术史的研究［J］.东北大学学报（社会科学版），2008，10（3）：189-194

［11］Arnall A H. Future technologies，today's choices：nanotechnology，artificial intelligence and robotics；a technical，political and institutional map of emerging technologies，Greenpeace Environmental Trust［R］.2003

［12］Lin P，Allhoff F. Nanoscienceandnanoethics：definingthedisciplines［A］// Allhoff F，Lin P，Moor J，et al. Nanoethics：The Social & Ethical Implications of Nanotechnology［C］.John Wiley & Sons，Inc，2007：3-16

［13］Weckert J .Nanoethics：The Social & Ethical Implications of Nanotechnology［M］.Hoboken：Wiley，2008

［14］Bennett-Woods D. Nanotechnology：Ethics and society［M］. Boca Raton：CRC Press，2008

［15］Timmermans J，Zhao Y H，van den Hoven J. Ethics and nanopharmacy：value sensitive design of new drugs［J］. Nanoethics，2011，5，（3）：269-283

[16] 金坤林. 干细胞临床应用——基础、伦理和原则 [M]. 北京：科学出版社，2011：140

[17] 平其能. 纳米药物和纳米载体系统 [J]. 中国新药杂志，2002，11（1）：42-46

[18] 何伍，杨建红，王海学，等. FDA 与 EMA 对纳米药物开发的技术要求与相关指导原则 [J]. 中国新药杂志，2014，23（8）：925-931

[19] 刘婧. 试论技术风险管理创新的人文导向 [J]. 科学学与科学技术管理，2007，（9）：74-78

[20] 科研处. 我校研究发现肿瘤细胞凋亡的下游执行蛋白 procaspase-3 的小分子激活剂 [EB/OL]. http：//kyc.syphu.edu.cn/sub/viewnews.aspx?id=608f178d6b46c411834e63b7362ec4 [2015-04-23]

[21] 康德. 法的形而上学原理 [M]. 沈叔平译.北京：商务印书馆，1991：165

[22] 许纪霖. 世间已无罗尔斯 [N]. 文汇报，2002-11-28

[23] te Kulve H，Rip A. Economic and societal dimensions of nanotechnology-enabled drug delivery [EB/OL]. http：//www.utwente.nl [2013-02-19]

[24] European Commission. Understanding Public Debate on Nanotechnologies—Options for Framing Public Policy [R]. Belgium，2010

[25] 徐莺莺，林晓影，陈春英.影响纳米材料毒性的关键因素 [J].科学通报，2013，58（24）：2466-2478

[26] National Science and Technology Council Committee on Technology，Subcommittee on Nanoscale Science，Engineering，and Technology. National Nanotechnology Initiative，Environmental，Health and Safety Research Strategy [R].Belgium，2011

[27] Dorbeck-Jung B. The Governance of therapeutic nanoproducts in the European Union—a model for new health technology regulation？[A] // Flear M，Farrell A-M，Hervey T，et al. European Law and New Health Technologies. Oxford：Oxford University Press，2013：256-272

[28] Allen C. Media Inquires：FDA NEWS RELEASE for Immediate Release [EB/OL]. http：//www.fda.gov/Cosmetics/ Guidance Compliance Regulatory Information/GuidanceDocuments/ucm300886.htm [2012-04-20]

［29］N ydal R，E fstathiou S，L aegreid A.Crossover research：exploring a collaborative mode of integration［A］//van Lente H，Coenen C，Fleischer T，et al. Little by Little Expansions of Nanoscience and Emerging Technologies. Heidelberg：Akademische Verlagsgesellschaft AKA，IOS Press，2012：181-194

［30］莱斯利·A. 豪. 哈贝马斯［M］.陈志刚译.北京：中华书局，2014：4

［31］赫伯特·马尔库塞.单向度的人：发达社会意识形态研究［M］.刘继译.上海：上海译文出版社，2008：101

［32］海德格尔.海德格尔选集（下）［M］.孙周兴译. 上海：上海三联书店，1996：1239.

［33］龚群.道德乌托邦的重构——哈贝马斯交往伦理思想研究［M］.北京：商务印书馆，2005：90

［34］Khushf G.Can we develop useful regulatory guidelines that treat nanomaterials as a special class？［R］.Nanotoxicology 2012.The 6th International Conference on Nanotoxicology，2012，Beijing

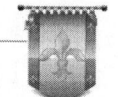

第五章
纳米制药技术设计责任及责任分配理论

对纳米制药技术设计的利益相关者做责任链分析是十分必要的。分析的目的在于定位责任主体以及明确责任是什么？谁来负责？怎样负责？从广义的角度讲，利益相关者可以被定义为"被新技术内在风险所影响或能够影响其风险的个人或群体（甚至是动植物）"[1]。

第一节 纳米制药技术设计责任的分属及性质

纳米制药技术研发人员是技术开发主体，也是现代科技知识和技术的载体。研发人员的技术知识是建构纳米制药技术标准的关键。分析纳米制药技术设计问题，其中原因之一在于"知识鸿沟"，许多相关纳米制药技术的知识还在"进行时"。技术设计是技术设计利益相关者的实践行

第五章 纳米制药技术设计责任及责任分配理论

为,技术设计利益相关者的利益需要是技术设计得以产生、技术得以实施和实现的直接动因。

一、纳米制药技术设计责任的分属

技术设计利益相关者是关联一系列利益需求的群体,它不仅仅是工程师或者技术人员,还包括技术决策者、技术管理者和技术成果的使用者。一般而言,人们往往认为技术设计主要取决于技术成果使用者的利益需求,但事实并非如此。技术使用者的利益需求是技术设计的原初动因,因为技术设计者的设计首先来源于客户的需要。这里的客户不仅指个人需要,也包括国家和集体需要。可见,客户作为一种主体概念,指向是多样化的。不仅如此,技术设计过程中,也关涉到诸多利益相关者的需要,如技术设计者为回避风险和责任,在设计过程中采用了简单性设计或者为了节省时间和货币成本而采用避开难点的设计。技术设计决策者和技术管理者有时也会出于经济考虑而放弃技术标准的要求。例如,美国"挑战者号"航天飞机的失事,技术设计的一个瑕疵是 O 型密封圈的弹性失效引起的[2]。总工程师已经指出不可以发射的原因,但决策者和管理者置之不理,因为这些人考虑的是他们的利益需要。利益、权利与责任、义务总是对等的,享有特定的利益必然引发相应的责任。考量技术设计利益相关者的需要,可以清楚地划分技术设计的责任,即包括技术设计者责任、技术决策者责任、技术管理者责任、技术使用者责任。技术使用者在对技术实施的过程中也存在用之不当的行为,以及行为引发的相应后果。因此,如果从责任归属的角度划分,对技术责任的担当理应包括技术成果的使用者责任。纳米制药技术设计责任是一般技术设计责任在制药实践中的具体化。在责任链中,纳米药物设计者责任、决策者责任、管理者责任以及使用者责任均内在于利益相关者责任之中。纳米制药技术设计责任的分属如图 5.1 所示。

设计伦理学：基于纳米制药技术设计的研究

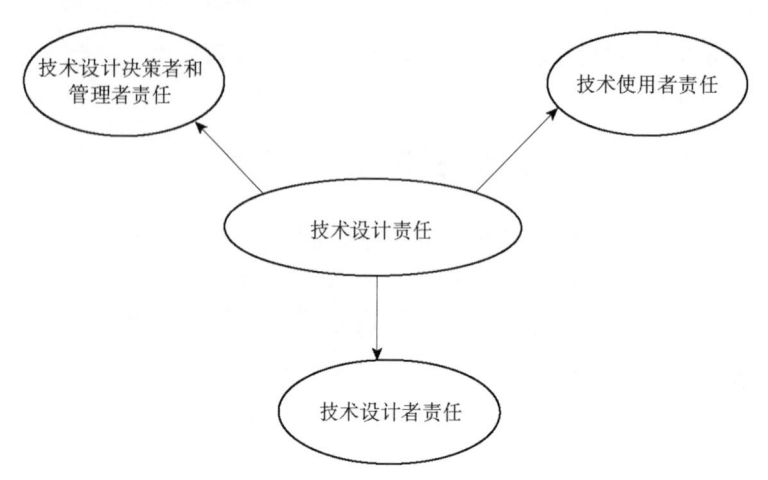

图 5.1　纳米制药技术设计责任的分属

纳米技术是综合了物理学、化学、生物学和信息技术等诸多学科的会聚（convergence）技术。纳米药物是在疾病治疗、诊断、监控以及生物系统控制等方面应用纳米技术研制的药物[3]。从 20 世纪 90 年代以后，一大批纳米药物逐渐走向市场。但是，在经历了"纳米"的喧嚣之后，人们还应该冷静审视其技术自身潜在的风险，并透视这些风险背后的伦理责任。

药物研发是一种新药上市的起始阶段。它一般包括选题、设计、投资、研究过程和后期管理等步骤，期间会涉及诸多研发主体及利益相关者。对纳米药物的研发责任进行分解，有助于确保纳米药物的医学应用效果及社会效益，以防止在"纳米"狂热之后引发的公众后坐力。

目前应用的纳米药物主要与纳米粒子材料有关。由于纳米粒子的微小和比表面积的增大，其化学和物理性质均与较大粒子不同。研发纳米药物是投资大、高风险、周期长的艰苦过程，由此客观上决定了纳米药物的综合风险，既有投资回报风险，也有应用效果风险。

风险与技术发展的不确定性相关联。从投资回报风险的视角分析，纳米药物的研发主体在行为之前已经有明确的思想和心理准备，课题选择及资金投入是在充分论证的条件下做出的理性选择。决策的前提是经过广泛调研,任务目标明确,研究过程路线清晰并经过科学论证,同时研发主体也具有减少投资风险和增大利益回报的有效措施。从应用效果风险的视角分析,纳米药物的风险一方面表现为对受用者健康的风险;另一方面表现为对环境损害的风险。由于纳米粒子的高摄取性和在体内的排泄通道的未知性,应用纳米材料载体运药后的技术风险的不确定性是客观的和不可预见的。尤其纳米药物是关涉治疗疾病和维护人类健康、生命的高技术产品,因此,其医学应用的后果与社会效益的关联性也同样是不容忽视的现实问题。

从上面的分析中可知,纳米药物研发主体主要关涉两部分人员:一是研发技术主体;二是管理者主体。新药上市除了先期的实验开发和临床之外,还有新药审批和上市后的质量监测。不同的阶段由于主体的任务不同决定了责任义务不同。从上面的任务规定中,可以将纳米药物研发主体责任分为两个方面:一是研发技术主体责任;二是管理者主体责任。

研发技术主体责任是由研发任务客观规定的。如果我们把这个任务称为"元任务",那么,其对应的责任就是"元任务责任"(meta task responsibility)[4]。"元任务"一般指由于主体角色而先赋的任务,例如,手术室的护士在手术前有检查手术器械卫生标准、完全及急救设备完好等任务。与此同时,与任务对应的就是连带责任。如果手术器械没有消毒完好,造成对患者的伤口感染,以及其他后果和赔偿,就会引发一系列责任。而"元任务责任"从性质上看不是在事情的结果出现后追究的责任,而是伴随着"元任务"而"自在"的一种义务。在时间的维度上,"元任务责任"以"元任务义务"的方式而存在。对纳米药物的研发主体而言,"元任务"是从技术上核查纳米药物的风险,既包括医学应用后给人健康造成的影响,也包括产品应用后对环境引发的影响,以及通过环境、生态等自然条件再循环作用于人的健康的后果。当然,与这种"元任务"对应的责任就是"元任务责任",它是纳米药物研发主体应该履行的角色义务。

管理者主体责任相对于研发技术主体责任是较为宏观的。管理者主体责任集中体现在纳米药物的审批和风险管理阶段上。管理者审批纳米药物需要建立一套科学、完整和精确的评价体系,通过对实验数据的审核和考证,通过对各种数据的比较分析,通过对临床试验问题的综合解决以及通过对纳米药物可能引发的后果的预测,做出科学的诊断和决策。这些既是管理者的"元任务",也同时表现为管理者的角色义务即"元任务责任"。

纳米药物研发责任的分属与角色义务紧密关联,但又在理论和现实上不等于纯粹的义务。义务表现为"应然"状态,而责任是一种"实然"。

二、纳米制药技术设计责任的性质

每一种责任的性质与主体在技术设计过程中的地位相关。设计者责任是首要的责任,因为纳米制药技术设计者是技术标准的掌握者和操作者。技术设计者最清楚技术设计的安全性、可持续性和社会发展性设计条件是否达到和符合要求。技术设计决策者和技术管理者责任次之,因为他们是技术设计的审核者。当然,审核的标准与技术设计者执行的标准相同,审核的原则是社会效益至上原则。技术使用者责任在责任链条中是末位责任,因为技术使用者一般会按照技术设计者、技术决策者和技术管理者提供的使用说明书进行行动。当然,在技术行为中也会有超出说明书限度的失误导致的问题和后果。这种责任将由技术使用者负责。正如药物的合理使用必须依据说明书而强调用药的依从性道理是一样的。

纳米制药技术设计责任的分属形成一个技术责任链,每一种主体责任都在责任链中居于一定的位次,同时,责任的性质也根据行为准则和基本要求表现各异。这三种责任有时也有交叉,有时也表现出位次的错位或交替,如技术设计决策者和技术管理者责任在前,亦即技术设计决策者和技术管理者在某个问题上没有采纳技术设计者的建议,但一般规律如表5.1所示。

第五章　纳米制药技术设计责任及责任分配理论

表 5.1　纳米制药技术设计责任的性质

责任主体分类	责任性质	责任链中的位次	履责标准	符合条件
技术设计者责任	首要责任	起始责任	技术标准	安全性、可持续性、社会发展性要求
技术设计决策者和技术管理者责任	次要责任	过程责任	技术标准效益标准	安全性、可持续性、社会发展性要求
技术使用者责任	末位责任	即刻责任	技术指南	安全性要求

纳米制药技术设计责任极其重要，它属于技术研发责任。技术设计者的设计应坚持科学标准，采用科学方法，实现科学目标。要达到这样的目的和设计水平，许多社会和伦理价值的因素是技术设计者必须考量的内容，如福祉、安全、可靠、可持续、公平、正义、平等等。技术设计的利益相关者在实践中坚持价值导向，是确保技术设计合理和有意义的根本。

技术伦理责任关联技术风险，风险是技术引发的不确定性。同时，风险又与安全紧密关联。尽管有些风险目前尚没有在现实中发生，但反思纳米技术的安全必然联系考量其内在风险。哲学的视域要求我们在看到现象的同时深化对其本质的研究，规定纳米技术风险的特征和伦理责任的性质，对于提升防范风险具有重要的指示作用。综合概括纳米制药技术设计责任的伦理性质主要展示以下两个方面的特点。

1. 创新责任

药学担当为人类健康服务的使命，这一点在某种意义上决定了医学对其具有依赖性。尤其在今天疾病变异和怪病突起的特殊时期，药学的作用日益显赫。作为新药开发的药物研发技术主体担负着维护人类健康和生命安全的崇高任务。不断创制新药，为人类解除疾病的痛苦，既是公众百姓的呼唤，也是技术主体的创新责任。

创新是民族进步的源泉，纳米药物创新同样是民族技术屹立于世界之林的重要标志。当今世界，由于发达国家与发展中国家之间"知识鸿沟"的差距，许多上游的纳米技术工具被发达国家通过专利保护而垄断，造成纳米技术上游产品的"专利丛林"现象。由此，客观上为发展中国家的创新和图强提出挑战。发展中国家要迎头赶上，就需要不断激发创造热情和创新活力。创新责任既是科学精神的体现，也是一种高尚的价值选择。科学精神是科学活动中所体现的文化价值和精神，具体表现在科学知识、科学思想和科学方法的各个层面和环节中[5]。纳米药物研发主体是进行技术创新的主导者，一般是科学家共同体。他们不仅需要用自己的知识和智慧突破传统研究的范式创新理论和方法，而且也承载着人类对健康的期待和生命的尊严。创新责任就是在实现和保障人类生命价值的实践中被建构和选择的。一方面，创新责任以行为者的目标为导向，在"技术澄明"的理路下实施对技术的再造；另一方面，创新责任也会以"技术茫然"的进路试探性前行，通过一系列艰苦探索达到"技术澄明"的境界。前者或许是通途，而后者或许是对技术主体的历练。纳米药物研发技术主体的创新责任是两种情况的综合，由此，使得创新责任在"纳米药物"特殊的语境下表现出前所未见的复杂性，换言之，纳米药物的创新责任旨在强调纳米药物研发技术主体要"负责任创新"。"负责任创新"不仅要求研发主体对个人健康和生命安全负责，而且要求对社会和人类发展的未来和长远负责。正如海德格尔所言："只有在澄明的环境中，在敞开的澄明中，真理本身和思想才能够如其所是。"[6]纳米药物研发技术主体的创新责任关联纳米材料的风险。来自欧洲纳米食品安全局的报告中指出：尤其需要关注工程纳米材料的风险问题[7]。纳米药物研发技术主体的创新责任关联风险评估的范式、危害的特征及检测、纳米材料暴露的路径及生态毒性等。

2. 道义责任

药学使命的崇高，一方面是基于药学救死扶伤的功绩和作用，另一方面也通过药学的人道性加以展示。人道性是对纳米药物研发技术主体行为和品质的基本约定。道义责任不仅规定纳米药物研发技术主体应人道地"负责任创新"，考虑新技术的不良社会后果，而且也规定研发技术主体从更高的意义上对生命的尊重。

从词源学角度讲，"生"相对于"死"，"命"与"天"相联系。中国古代春秋时期，人们将"命"、"生"、"死"联系在一起，"命"有了"生命"和"性命"之意。尽管人的生命是有限的，但生命对人的意义和宝贵不言而喻。自古以来，人类一直以生命至上而自尊。无论是古代的生命神圣论，还是现代的生命价值论都深深蕴含着人类生命观的基本思想。哲学家探索生命的本质，医学家以生命的至高无上论反思自己的点滴行为，社会学家则以宏观视角研究生命的社会意义。人类以自己的智慧将生命认识推向极致境界。生命究竟是什么？是一种简单的存在吗？生命的本质是自然性的？还是社会性的？人类对生命的态度究竟如何？对这些关键问题的回答至关重要。中国第一部医学经典著作《黄帝内经》曾鲜明地指出："天覆地载，万物悉备，莫贵于人。"中国唐代名医孙思邈提出："人命至重，有贵千金。"著名的"西方医学之父"希波克拉底在他的《誓言》中提出："我决尽我之所能与判断为病人利益着想而救助之，永不存一切邪恶之念。即使受人请求我亦决不给任何人以毒药，亦决不提此议。绝不行堕胎之术；我决定保持我之行为与职业之纯洁与神圣。"德国著名医学家胡弗兰德在《医德十二箴》中强调："即使病人病入膏肓无药救治时，你还应该维持他的生命，解除当时的痛苦来尽你的义务。如果放弃就意味着不人道。当你不能救他时也应该去安慰他，要争取延长他的生命，哪怕是很短的时间，这是作为一个医生的应有表现。"所有这些无不反映出医药学家对生命的尊重。

伴随医药学的发展和长足进步，人类从单纯追求生命的时限转向追求生命的质量。人们不再满足于大自然赋予人类的生命水平，而是在现代医学条件下应用高新技术延长生命，甚至在某些情况下使人起死回生。面对高新技术维持人类生命能力和健康水平能力的增强，平等对待药物受用者的个人权利和利益选择是实现药学道义责任的根本要求。

当然，人是社会的组成细胞和基本单元，是社会发展的动力源泉。没有人的存在、人的劳动和人的发展，社会的意义亦不复存在。道义责任包含对社会的责任，由对个体病患的责任向社会责任的转化也可以称为责任转移和扩展。药学的社会功能不仅在于治病救人，还在于健康保健以提高劳动者的体力和能力素质，促进人口、资源、环境、经济和社会协调有序发展。

对生命的尊重与社会责任的履行具有内在关联，二者都是道义性的彰显。一方面，社会由个体构成，个体的健康和安全关联社会的稳定和发展；另一方面，社会又要通过各种法律、制度、管理、政策等措施，保障人的生命安全和实现社会公平，反对不人道的行为。可见，纳米药物研发技术主体的道义责任更深层的意义是社会责任。

在现实的实践"场域"，纳米药物研发的主体责任目标是一致的，而在特殊"场"中，也会存在责任背离的可能性。由于纳米药物研发技术主体的实践"场域"与管理者主体的实践"场域"具有差异，时而会导致相关利益和不同利益相关者利益选择的矛盾。对于纳米药物研发技术主体必然要考虑经济学的风险和效益回报，而对纳米药物管理者主体而言应坚持社会效益优先原则。然而，尽管认识和行为选择的矛盾时有发生，但人并非仅有工具价值，人的价值更重要的意义在于社会价值。纳米药物研发主体道义责任的履行更高的意义在于超越了工具理性而使人类的价值理性更明亮。

第二节　纳米制药技术设计者责任

以上是从纳米制药技术设计多主体视角对责任做的分析和归属，由于纳米制药技术设计主体是多元的，依据各自的任务不同，将纳米制药技术设计责任做责任链上的分配是必要的，它有助于明晰各个技术相关者的职责和任务。那么，从纳米制药技术设计者视角研究，又可将责任细化，并从位阶上考量责任层次，明晰责任结构，从而聚焦技术设计者责任。

一、药品质量责任是技术设计者第一责任

纳米制药技术设计的直接产品即纳米药物，因此，药品质量责任对于纳米制药技术设计者而言是第一责任。药品质量包括五个方面，即安

全性、有效性、均一性、可靠性、经济性。俗语道："好药治病，劣药害命。"因为药品是关涉人们健康和生命的特殊产品，所以药品质量的重要性毋庸置疑。实现安全性要求和经济性目标都离不开药品质量。中国国家纳米科学中心的科学家"制备了一种温敏高分子材料修饰的金纳米棒介孔二氧化硅纳米复合物（Au@SiO$_2$@polymer），包载了大量药物，利用激光照射小鼠肿瘤部位，实现了药物载体在肿瘤组织的显著富集。金纳米棒的光热转换性质与高分子材料的温敏性质完美有机地结合在一起并实现了纳米药物光诱导的肿瘤主动靶向。富集于肿瘤部位的纳米复合物在激光照射下表现出热疗和化疗的协同效应，几乎完全抑制肿瘤的生长与转移"[8]。纳米制药技术设计者在不断研发高效、低毒和疗效确切的纳米药物实践过程中，提高药物疗效和降低风险始终是技术设计者的追求。

从性质上看，药品质量责任表层属于经济责任，高层次属于道德责任。因为质量好坏将决定其经济利益回报水平，而质量可靠又是实现保障人类生命和健康这一道德目标的基石。纳米制药技术设计者应将药品质量责任确定为第一责任。

二、员工健康责任是技术设计者的道德责任

追求经济效益的同时始终伴随着人道性选择，而人道性求利的行为选择又是富含道德意义的经济性行为，在这里，利益与责任的一致性始终铰接在一起。员工健康关怀同样是企业的基本社会责任，关爱员工的身心健康，能够培养员工爱企业、做主人、讲奉献的品质，从较高层意义上使员工的命运与企业的发展融为一体，是企业可持续发展的源泉。

员工是企业最宝贵的人力资源，员工对企业的关心源于其情感的依赖和自我实现的需要。作为企业发展的主体之一的员工在研发、生产、销售和使用等各个环节上，就像螺丝与螺母的关系一样，与企业的发展紧紧相依。关爱员工健康和需要的企业，可以获得无限的发展动力，而相反无视员工利益和需要的企业，就会失去"民心"而走向毁灭。在纳米制药技术的全流程中，尤其关注颗粒物的健康效应，如"目前为止，世界各国均未制定出针对纳米材料特性的职业健康标准，从事其生产和

加工的工人几乎是在没有防护的情况下工作,他们几乎无法避免纳米材料的身体接触"[9]。纳米材料的生产厂家只有将整个产品生产流通过程中所有可能的暴露环节进行归纳,根据可能的暴露方式使用适当的防护措施进行预防,才能将纳米材料的暴露风险控制到最低。

尽管国际社会有相关的总尘标准,如"国际辐射防护委员会(ICRP)根据颗粒物沉积与清除模型以及贝叶斯模型等推出人体一生职业暴露的剂量-效应阈:细颗粒物为 0.8~5.8 毫克/米^3,超细颗粒物为 0.09~0.66 毫克/米^3。美国国家职业安全与卫生研究所(NIOSH)根据实验动物数据也进行了评价,得出细及超细颗粒物的推荐接触限值(RELs)分别为 1.5 毫克/米^3 和 0.1 毫克/米^3。我国总尘标准(10 毫克/米^3)已经明确 TiO_2(总尘)8 小时接触容许限值为 8 毫克/米^3,但纳米 TiO_2 的性质和颗粒大小明显不同,无法沿用现在的标准"[9]。可见,建立相关纳米制药技术粉尘控制和检测的标准迫在眉睫。与此同时,还要注意"纳米颗粒在吸入暴露中,经常发现有不遵循暴露剂量-效应关系的例子。比如,有研究发现 10 毫克/米^3,20 纳米的 TiO_2 纳米颗粒可比 250 毫克/米^3,300 纳米 TiO_2 纳米颗粒更严重地诱发肺癌"[10]。纳米粒子的特殊性客观决定了纳米制药技术设计者制定科学量化标准以规范纳米制造工人暴露环境,确保员工健康的重要性。

三、环境保护责任是技术设计者的法律责任

环境保护责任又是较高层次的社会责任,它既保护环境,又是具有维护人们健康的长远意义的责任。纳米废物不可随意释放。目前的纳米实验室没有对废物处理做出明文规定,一些实验者认为少量的纳米粒子无关紧要。在我们对发达国家纳米实验室研究学者们进行调研时,多位学者均表示的确因为研究者认为实验室中用于研发的纳米粒子量少,可以忽略其影响而目前无统一的处理标准,但他们同时认为少量的纳米粒子也是有害于健康和环境的。

对自然环境做生态保护是可持续发展的根本宗旨。降低生态毒性,建立生态损害责任终身追究制同样是实现纳米制药技术环境生态保护责

任的必由之路。环境保护责任从广义上讲是社会责任,其责任性质从狭义视角看主要是法律责任。环境包括大气、水体和土壤等,对于污染环境的行为,均应该依照环境保护法追究法律责任。由此,客观上要求纳米制药技术设计者在技术设计的初始关注环境和生态考量,以凸显可持续发展的本质意义。

第三节 责任分配的理论基础

理论基础的分析与建构是责任分属和性质界定以及责任履行机制确立的根本,因为理论是指导实践的思想武器。研究责任理论并不局限于某一方面主体,我们在此将与纳米制药技术相关的责任主体同归于纳米制药技术共同体。

谈到责任在传统义务论中把它等同于义务,即对人们行为准则的规定,哪些应该做和哪些不应该做。从形式上看表现为规范的约束性。道德责任是社会对个人的一种规定和使命。责任是在个体与外部世界的关系中产生的,关系的存在是责任建立的前提和基础。纳米制药技术共同体的伦理责任同样是从事纳米制药技术实践的主体在各种伦理关系中表现的特性。伦理责任的存在与面对伦理问题的解决紧密相关,换言之,也正是因为伦理问题的存在决定了在客观上对这些伦理问题负责的主体责任的追问,才得以使伦理责任建立。随着纳米制药技术的应用和伴随未来的伦理问题的出现,纳米制药技术共同体的伦理责任主要表现为对伦理问题的解决负责,谁负责?负什么责?怎样负责?将构成纳米制药技术共同体伦理责任的重要因子。对纳米技术的炒作、狂热和误导将导致新一轮的技术异化。对纳米技术共同体伦理责任的研究:首先,应该对纳米制药技术带来不良后果的责任主体加以明晰;其次,责任清晰;最后,责任缺失的对应处罚明确。

一、"元责任"论是道义论的最新发展

传统义务论的代表人物康德强调行为动机对实践的意义和影响，他认为判断人行为的善恶只看动机，无需看结果。并且强调道德的自订、自律、自守，法由己出。传统义务论的思想关注行为的动机，而忽视行为产生的后果。康德认为，只要一个人行为的动机是善的，不管结果如何，这个人的行为就是道德的。在康德的道德律中，善良意志是最重要的，而善良意志之所以善良是因为它遵循了普遍规律，就是"绝对命令"。康德的"绝对命令"有三个公式：第一个公式讲道德规律的普遍有效性，即外部规定性。就是说，无论做什么事情，一个人的行为所遵循的原则必须具有普遍的意义。第二个公式提出了道德规律的内部规定性，即把道德的主体——人作为行为的最高目的，提出"人永远是目的而非手段"的思想体现了人的价值所在，它是"绝对命令"的真正思想精华。第三个公式讲意志自律，并指出意志自律的根源在于意志的本性是自由的。康德道德规律的三个公式不仅说明了道德规律的一般特征，而且表述了道德规律的基本内容，同时提出了道德规律的源泉和实行道德规律的保证。三个公式有机统一，构成"绝对命令"的全部内涵。尽管康德的义务论思想带有局限性，但是康德义务论对伦理学的贡献是巨大的。正如马克思、恩格斯所说，康德的道德律是德国资产阶级革命要求在伦理思想上的反映。他提出的一些好见解，如道德规律的普遍性、与功利主义本质上注重个人利益（利己主义）相反的利他主义倾向、为义务而义务的道德原则等，都是康德对伦理学的重要贡献。

对康德义务论的发展演进了现代责任伦理学派的观点。以尤纳斯为代表的现代责任伦理强调，一个人的行为是否道德还要考量对未来的影响，即将伦理考量由"当下"推向"未来"。尤纳斯提出的责任伦理不同于传统的义务论聚焦个体伦理，而是整体伦理观。他认为责任与职责不同，职责指向行为本身，而责任指向行为之外，即注重外部联系。"一个科学家的责任超出了他发现真理的本分，牵涉到他发现的真理在世界上的影响。"[11] 因为，并非只有当技术恶意的滥用时显现技术风险和危害，

即便当它被善意地用于本来合法目的时，技术仍有危险。[11] 如果我们把尤纳斯的伦理观作为传统义务论发展的第二阶段即新道义论伦理，那么"元责任"（meta responsibility）论的提出和完善将成为传统义务论和新道义论发展的最新阶段。因为"元责任"论已经将责任考量置于"事前"而非"事后"，已经将义务的"应该做"升华为"责任"的自觉，表现出自律的动力性特征，是道义论在高技术生长的快速时期的最新发展。

历史走到今天，我们可以清晰可见传统义务论的局限。如果按照传统义务论的逻辑，一个医生出于治病救人的善良愿望为患者开药，至于这种药的副作用如何乃至给患者带来什么样严重的损害，都与医生无关。新道义论超越了传统义务论的局限，将道德的动机与行为的结果有机统一，将近距离伦理与远距离伦理有机统一。正如 Hans Lenk 指出：今天的世界产生许多关涉到技术进步的伦理问题，人类对技术的恐惧以及对发展困境的忧虑使得人类关注行为的动机及结果，关注人类的生活方式，关注人类对未来的责任[12]。新道义论为纳米药物研发技术主体行为选择指明了前行方向和可遵循的基本原则立场，即伦理"中道"的选择。"中道"立场强调道德行为的选择要避免"过"和"不及"两个极端，强调人类行为的限度，只有有限度的行为才是价值意义最深远的道德行为[12]。

探索和研究行为选择的"中道"，并非试图限制纳米药物研发技术主体的科研勇气和开拓精神，更不可能期望研发技术主体对蓬勃发展的纳米技术望而却步，而是旨在强调纳米药物研发技术主体责任理应建立在动机与效果统一的理论基点之上。研发技术主体行为的选择既要关注高尚的目的，也要考量实践过程，还要检测行为结果。

无数科学发展的历史事实表明，仅有善良的愿望和动机而不考虑行为的后果，同样会给人类健康和社会发展带来严重影响和危害。发生在20世纪50、60年代的"反应停"事件，由于萨利多胺药物的副作用而导致在欧洲生产了1.2万名残疾儿，由此引发的人类健康问题和生发的社会问题都将使人类发展步入困境之中。今天的人类认识已经伴随技术的发展产生了深刻的变化，人类期待生得优秀，活得舒适，死得安逸。而作为维护人类生命和健康的药物，在实现人类美好愿望的里程中发挥着重要作用。纳米药物的研发和应用,尚有许多未知的领域和未知的后果,客观上需要纳米药物研发技术主体在行为实践中既要关注动机的高尚,也要考量创新成果的社会后果,在更高意义上实现两者的统一。我们必须看到:"与科学相关的哲学要素已经深深地渗透和融入科学的世界观、预设、自然图像、思维模式、方法、图式、概念框架、公理基础之中,科学家有这些现成的锋利'工具'对付和破解他们面临的许多难题。"[13] 理论基础的建构和指导思想的确立是纳米药物研发技术主体明确责任和履行责任的先决条件。

伦理责任又是一种"元责任或元任务责任",这同样是新道义论对伦理责任的内在约定。对"元责任"的理解主要有三个方面:一是初始责任,由角色和岗位先赋的某种义务;二是核心责任,即在诸多原初责任中找到起核心作用的责任;三是与行为后果相联系的应该负的主要责任[4]。纳米制药技术共同体的责任在某种意义上也可以认为是"元责任",其主要含义有三点:一是不同岗位和职责对应的责任。例如,科学家的研发责任,尤其关注纳米制药技术的不良社会后果,以自己的学识尽可能降低负面影响;又如,管理者责任,在纳米制药技术产品的安全评价方面负有管理条例的制定、颁发和监管责任。二是纳米制药技术共同体主体间的联合责任。这个理论涉及责任分配问题,它既需要明晰责任主体,也需要明晰具体责任。例如,纳米制药技术产品的环境影响和生产过程中的劳动保护,需要通过管理者行为对各项管理规范和制度加以完善。可见,在不同的纳米制药技术实践中主体责任的权重是有差异的,因此,核心责任也由此会得以明确。正如 Hans Lenk 所说,共同责任分配的原则在于"每个人在系统中都是有责任的,这依赖于他的行为和参与的几率"[14]。三是原初责任中的主要责任。任何事物都包含着事物的主要方面和次要方面,对纳米制药技术共同体而言,在诸多的先赋责任中同样具有矛盾的主要方面。例如,纳米制药技术共同体中的科学家具有研发责任,并不能因为纳米制药技术产品即纳米药物的某些负面性就裹足不前;科学家要兼顾各个方面的责任要求,加强对纳米制药技术安全性的评估,同时也要加强与公众的交流和对话,帮助和启发纳米药物的使用者提升自觉防范意识。

从现象上看,纳米制药技术共同体应该对人类健康负责、对生态环境负责、对人类的未来和发展负责乃至对社会的进步负责。而从本质上分析,纳米制药技术共同体的伦理责任应该揭示各种责任现象的根源和实质,指出决定这种责任存在和履行的内在根据,并找到根本规律。这是因为本质是事物内在的规律,是事物发展的内在的质的规定性。考察纳米制药技术共同体的伦理责任可以得出这样的结论,即纳米制药技术共同体的伦理责任的本质是从义务到美德的升华,这或许也是现代责任论的目标追求。

责任作为哲学的基本概念,主旨在于强调事前责任。事后责任在性质上是法律责任,而事前责任在性质上是伦理责任,也叫"元责任"。事后责任指某一行为者因行为产生了过错,对应应负的责任,而事前责任具有内在的目的论性质,受动机的影响,同时带有义务性特点。在现代社会,要实现追求利益与责任之间的平衡,就要抛弃纯粹的功利动机,有效解决利己和利他相互矛盾的复杂化过程。"一个社会中责任的分配,是一个利己主义和利他主义相互矛盾运动的复杂变化过程。"[15] "元责任"论在责任的时序上确定了责任主体的行为目标,深化和丰富了新道义论的意蕴。

二、技术美德论是实践美德伦理

在任何一项实践活动中,人是决定性因素,这是由人的主体性决定的。人类的目的在某种意义上决定实践的目的和事物发展的方向。当然,实践主体也就理所应当地成为目的的确立者和导向者以及实施者。美德伦理学的代表人物是西方的亚里士多德。他认为,美德(virtue)是一种向善的力量,人所具有的优秀品质或品性。这种品质是通过行为加以体现的。美德论是关于人们优良的道德行为和道德品质的概括总结。具有美德的人是有道德的人、高尚的人。德性既不是情感,也不是潜能,德性是品质,并且是"一种使人成为善良,并使其出色运用其功能的品质"[16]。

麦金泰尔的《德性之后》对亚里士多德的美德论进行了发展。他主张在高新技术迅猛发展的今天，人类应该以历史的眼光审视当前出现的问题以考察德性，并主张回到亚里士多德的古典主义美德论。麦金泰尔认为，以德性为中心是一个"共同体"存在的基础前提，追求共同利益的实践才是德性的实践。可见，麦金泰尔的美德论超越了功利主义和利己主义的局限，强调了"共同体"利益和道德主体的德性践行，是现代美德伦理的杰出代表。

现代美德伦理主要包括以下主要特征：一是理论关注的中心是"行为者"，而不是单纯的"行为"；二是关心人的"在"状态，而非"行"状态；三是强调"我应该成为何种人"，而不是"做什么"；四是采用特定的美德概念，而非义务概念[17]。责任理论研究在今天已经超越了传统义务论的概念，融合美德论伦理学思想。主体责任从理论上渗透着美德伦理。在这样的基点上，我们认为，纳米制药技术共同体的伦理责任将超越义务伦理或者规范伦理，绝不仅仅强调主体应该做什么，还要着眼于主体优秀品格的塑造和追求。由此，在责任机制上产生一个飞跃，即主体道德行为表现的自觉，实现追求利益与履行责任相统一。可见，纳米制药技术共同体的伦理责任融入义务论和美德伦理观，其旨趣在于强调技术主体责任的自觉履行和品格塑造，本质上是技术美德。

美德与义务相连，同时又超越义务。现代美德伦理随着实践的发展丰富了内容和转换了重心，而表现出特征的变换。纳米药物研发技术主体以"在者"的状态展示德性的品质，并且这种品质的外化贯穿于主体的全部实践过程，表现为稳定的特征。由于纳米药物研发是技术实践活动，技术与人的关系、技术与自然的关系以及技术与社会的关系均内在地成为技术主体美德的内生方面，而技术主体以科学的态度和求实精神正确认识和处理上述关系，则在技术实践中表现出"仁"乃为"人之本"的品性。品性内在于人心之中，并且是恒常行为。技术美德论强调技术主体在处理诸多伦理关系过程中的品性，亦即技术美德，这种品性具有过程性、恒常性和中道性。

技术美德的过程性是由技术的过程性决定的。在新技术研发过程的不同阶段要求技术主体表现的行为方式和生发这种行为的内生力量是不同的。例如，纳米药物的研发选题，从科学技术哲学的视野可以肯定这是科研的第一阶段。选题的科学性表现在可行性研究和基本理论的深厚方面，而选题的人文性则表现为行动的目标和动机及蕴含在研究过程之中的人文情怀。科学性与人文性的交融是这一阶段的重要特征。只讲科学可行，不考量人道性和责任是片面的和不理性的。而在研究过程之中，科学性和严谨的品质变得十分重要。技术美德的恒常性是技术主体的行为习惯。从时间的维度考量，它表现为"绵延"。技术美德的中道性是技术主体在利益权衡和矛盾解决时选择的标准。"中道"并非形式上的折中，在内容上它表现为"适度"，即考量在与环境关联时，防止"过"和"不及"。

如若说义务是"应然"，责任是"实然"，那么，美德就是"超然"，并且技术美德是技术主体品性由"超然"向"实然"的复归。纳米药物研发技术主体的技术美德是生动的、实践的和发展的。社会不仅是个体德性建构的背景，而且是个体德性建构的动力。个体会在德性关系中完成对自我德性的建构，而这种德性的直接内容仍然是责任。由形成的美德生发出对责任的践履，在责任机制上是一种理性的飞跃。

三、社会公益论展现伦理方向

社会公益论的思想渊源于功利论和效用主义（功利主义）的代表边沁（Bentham）和密尔（Mill）的思想。功利论强调人的行为能否为最大多数人带来最大幸福是评价行为道德与否的依据。以边沁和密尔为主要代表的功利主义把行为的结果和效用作为检验行为的道德标准。他们认为，一个行为在道德上是否正确，要看它的后果如何，而判断一个行为的后果，主要看它能否为自己和他人带来幸福和快乐。为自己带来幸福和快乐，是利己主义的功利主义；为他人带来幸福和快乐，则是利他主义的功利主义。功利主义以行为的后果及其所带来的利益作为行为判断的道德标准，在本质上表明了社会的一切现存关系和经济基础之间的联系。

利他主义的功利主义在今天具有公益性质,它强调公益和公正。在医药学实践中,社会公益论要求从社会发展的长远利益出发,公正合理地解决资源与平等、公平与效用之间的各种矛盾。纳米药物的资源利用和成本客观上需要研发技术主体的再创造实践,降低成本和减低风险,以实现使人人充分享用这种资源的优势。管理者主体应在政策导向、管理规章和质量监管等方面履行职责,以实现纳米药物的社会效益。

尽管纳米制药技术风险具有不可知性和不确定性,但这一点并不能减压纳米药物的积极作用。定点释放、靶向传递、提高药效、降低毒性等效应是客观的和引人注目的。人类对纳米药物的期待和关注是现代高技术引领作用的直接结果。尽管人类目前的知识水平和技术手段尚未达到人类期待的目标,但是,对公正分配稀有资源、人人平等享有稀有资源的机会、缩短发达国家与发展中国家的差距以及以最小负担享有最大实惠,都是人类的美好愿景。而要实现这些,需要纳米药物研发技术主体的责任履行和德行践履。将社会公益的考虑内在于纳米制药技术设计者的使命是对公益论思想的升华,而公益伦理思想是现代伦理发展的最高层次和方向,因为这种价值取向已经从对个体的有益升华为对群体和社会的意义,是对传统伦理的时代超越。

四、使命是一种伦理精神

使命(mission),从词源学意义上讲主要有两种含义:动词的意思是派遣、差使;名词的意义指任务、责任。今天,人们多以使命来比喻重大的责任。

事实上,对使命可以有三点理解:一是将其与责任等同,认为是一定社会角色所赋的责任;二是作为一种观念,即从战略目标上分析得出的价值理念;三是对一种角色的形象的规定。本书将使命作为对责任的超越,显然并没有在第一层意义上单存地理解成责任,而具有战略目标的理念和价值观的理解是使命的根本要义。使命在某种意义上也可以认为是一种责任,但使命又是高于一般责任的价值选择,它具有战略性和行动性。使命是一种价值取向和定位,它代表主体行动的目的、方向和高尚的精神理念。使命又是主体行为导向的动力，反映主体负有的一种重大责任。使命并非一成不变的，它是一个历史范畴、动态概念，在不同的时期的具体含义不同。使命是发自主体内心深处的一种自觉意识。

使命是一种伦理精神，是人们行为的动力和源泉，是决定人们行为选择的价值观。而在使命中则重点强调发展伦理观，即科学和可持续的理念。任何一个时期和阶段，主导的伦理观念都会随着外界的变化表现出不同，纳米技术共同体的主导价值观念理应由技术引发的问题及解决问题的动向趋势决定。发展伦理观的主旨强调发展，但发展不是盲目的，而是可持续的发展，是科学的发展。可持续的发展和科学的发展是纳米制药技术共同体使命的本质反映。

纳米药物研发是主体参与技术创新实践的过程，研发技术主体与管理者主体是责任担当的主角。如前所述，纳米药物研发的伦理责任主要表现为研发技术主体的创新责任和研发主体的道义责任。由于纳米技术的滥用或许会导致新一轮的技术异化现象，抑或是引发人们对纳米技术的恐惧心理，所以对纳米药物的医学应用后果和社会效益进行科学审视和冷静反思是十分必要的。纳米药物的研发需要建立科学和可行的预警机制，建构责任明晰和惩戒制度以强化风险治理。与此同时，以新道义论、技术美德论和社会公益论思想强化对研发主体品性的塑造，有益于促进其责任的履行。总之，纳米技术伦理问题的解决不仅是科学家和技术专家（工程师）的事情，也是哲学家、伦理学家、管理者、法学家乃至政策制定者必须面对的课题。

哲学基础的探寻是构成发展伦理观的认识根基。尽管发展伦理观的根本要义是强调"发展"，但是怎样发展和怎样科学地发展，是哲学上探究发展伦理观的突破点。发展伦理观从回顾人与自然关系的哲学反思切入，同时，通过经验的累积和教训的汲取，探寻和结论"科学的"和"和谐的"发展是人类发展的必由之路。

作为世界观和方法论的哲学是关于人们对世界和思维认识的根本观点，而自然观作为人类认识人与自然关系的基本意义的观点，从古至今一直在哲学领域中占有十分重要的地位。从人类对"万物的始基"这一本原的探索，到对微观世界的构成的研究，人类在对自然认识的道路上艰苦跋涉，创造了一个又一个奇迹。回首几千年的世界文明史不难看出，人类每前进一步都不能离开科学技术的作用和深刻影响，而科学技术作用的直接对象就是自然。自然在成为人类生存和发展依托的同时，也成为人类利用和改造的对象，同时，还成为承载人类利用科学技术作用于自然的后果和影响的客体。如果我们从人与自然关系的视角探寻自然在世界中的地位，我们可以毫不犹豫地得出这样的结论：自然与人类唇齿相依，人与自然协同一体。

"协同一体"不等于"和谐一体"。正是因为这样，才有了我们探索和研究的意义。如果我们把"协同一体"看成是一种"应然"，那么，"和谐一体"就可以被认为是一种"实然"，是一种"在"状态。提出这样两个概念，并非头脑中的猜测和妄想，而是从实践的考察中得出的一种认识。

回首人类发展的历史，从远古文明和农业文明时期人与自然关系的和谐追求和向往，到工业文明时代人类主体性的张扬，科学技术在其中扮演着重要的角色，并发挥着积极的作用。从近代人类中心主义认为的"非人类存在物只具有工具价值，不具有内在价值"[18]的认识，到现代人类中心主义认为的"自然没有内在价值，一切以人类的利益和价值为中心，以人的根本尺度去评价和安排整个世界"[18]，从而使人与自然之间的关系出现了裂缝和鸿沟。认识上的裂痕导致行为上的偏颇，使得人类在与自然处理关系的过程实践中抛弃了人类对自然以及万物的道德责任。

然而，任何事物的发展总是物极必反。随着时间的推移和"不和谐"问题的出现，人类在面对现实的同时反思自己的思想和行为，寻求克服思想的偏见和解决"不和谐"问题的对策。但是，可惜的是人类在探索发展的道路上并没有找到适合的进路，而是从一个极端走向了另一个极端——"非人类中心主义"。从否定自然的内在价值、人类对自然的道德责任步入崇尚和夸大自然价值的误区，而限制了人类自己发展的手脚。

第五章 纳米制药技术设计责任及责任分配理论

"非人类中心主义"在为自然高唱赞歌的同时，极力推崇自然万物的价值和尊严。非人类中心主义者将人类社会的意识形态，如平等、权利、尊重等，毫无保留地赠予动物、大地和生态系统中的万物，认为"动物理应与人类同样享有道德上的平等"，"人类应该尊重动物的生命权利"，"动物以及自然万物都应该按照非工具性质对待，每一种生物都与人一样享有同等的价值"等。在非人类中心主义思想的引导下，科学技术似乎被束之高阁，药物的动物试验也开始重新讨论，素食主义者受到赞赏，甚至人类的一些基本生活方式也受到挑战和反思。一时间，许多人类的社会意识现象和概念受到质疑，工具价值、理性、尊严、平等乃至权利，包括人类的道德，这些在非人类中心主义的视域下该怎样重构？人类又该如何做科学的理性选择和处理人与自然的关系？难道人类的基本生活的需要也会构成对动物的"残忍"和对大自然的"破坏"吗？

人是社会的组成细胞和基本单位，社会的发展进步归根到底是人的进步与发展，离开了这样的基点，某些理论和观点就会丧失根基。但人与自然的关系又是能动性与受动性的统一，割裂了两者也同样会受到自然的惩罚。人类中心主义和非人类中心主义作为两种极端对立的思想对人类正确处理人与自然关系起到不利影响，使人们对发展的认识曾经走过许多弯路。今天，经过教训总结和深刻反思，我们找到了一条科学发展之路，那就是马克思和恩格斯所言，人与自然的关系是能动性与受动性的统一，人类能动性的发挥要符合自然规律和社会规律，只有如此，人类才能获得更大的自由和发展。

人对自然的能动性作用是通过科学与技术的发展加以彰显的，科学与技术是连接人与自然的桥梁和纽带。人对自然的受动性表明，人类的实践行为要尊重自然规律，不能做违背自然规律的事情。自然规律与社会规律是辩证统一的。今天的人类由于知识的丰富和智力的发展对自然的改造能力日渐增强，而同时今天的人类对自然的毁损也日趋严重。因此，纳米制药技术共同体的使命不仅在于关注人类自身，也要关注人类生存与发展赖以依赖的自然万物。

综上，我们可以看到，纳米制药技术共同体的使命首先是科学的使命，并不能因为看到纳米制药技术成果的风险就在纳米科学的研究进程中止步不前。纳米技术伦理问题及风险的存在是客观的，但不能因此而减压纳米科学技术的作用。其次是对人类健康负责的使命。众所周知，药物的药理作用不仅取决于化学组成，还与其物理状态密切相关。纳米材料的"合成特性"决定其"生物特性"，包括蛋白冠的组成和结构、团聚与分散性等。因此，通过合理的合成设计，能够调控纳米材料的生物效应，降低毒性作用。[19]"经实验证明，雄黄和石决明制成粒径在 50～80 纳米的超微粉粒，药效明显提高，有望成为高效低毒的一类抗肿瘤新药。"[20]因此，研发纳米新药并通过技术方法降低毒性是纳米技术创新主体的内在责任。最后是对环境和生态负责的使命。在上述三者中，纳米制药技术共同体对环境和生态的保护同时也实现着对人类健康和社会发展的维护，这是人类与自然的客观依存关系决定的。在这些方面我们可以充分看到发展的视角，因为它的视野不仅对当前负责，更重要的是对人类发展的长远负责。对长远和未来负责才是纳米技术共同体使命的真诚意义和真正意义，在某种意义上也可以说，纳米技术共同体使命的旨归在于，以"中道"的立场推动和促进人与自然和社会的"和谐"发展。这正如"当下思想在审慎（epoche）中获得明辨的力量，它不再迷惑于眼下哲学的假象，转而感激智慧的言辞，承认和赞同智慧之言所给予的思"[21]。发展伦理观和科学的、可持续的发展观都是哲学在当下的思想进路，它以智慧的力量超越林林总总的传统思想，开启一个将一般伦理责任通向使命的崭新境界。

透视人类可持续发展的理念，其核心思想是环境正义观。"环境正义首先是一种价值理念。具体说来，环境正义理念追求人与人之间的和谐、人与自然的共同进化。"它着力解决因环境问题引发的环境和资源利用的不公平。环境正义问题既包括人类与非人类的自然之间的正义，也包括由此衍生的人与人之间的正义，其深刻内涵蕴藏着代内公平和代际正义，强调"保护生物圈的共同利益和需求，不能只考虑'人类利益'而不顾'生态利益'，也不能以'生态利益'来否定'人类利益'"[22]。

实现社会公平和公正最高意义表现为可持续发展，如果没有这样科学的发展观，其他一切都是空谈。因此，纳米制药技术共同体应该在促进代际公平和代内公平的目标下，实现纳米技术设计者的崇高使命。

参考文献

[1] 陈凡，赵迎欢. 论基因技术共体的社会责任 [J]. 科学学研究，2005，(3)：325-329

[2] 查尔斯·哈里斯. 工程伦理：概念和案例 [M]. 丛杭清译.北京：人民出版社，2000：150，165

[3] 高洁，李博华. 靶向抗肿瘤纳米药物研究进展 [J]. 中国医药生物技术，2008，3（2）：143-145

[4] van den Hoven J. Engineering：responsibilities，task responsibilities and meta-task responsibilities [EB/OL].http：//www.ethicsandtechnology.eu [2009-12-01]

[5] 赵迎欢. 高技术伦理学 [M].沈阳：东北大学出版社，2005：63

[6] 阿兰·布托. 海德格尔 [M].吕一民译. 北京：商务印书馆，1996：56

[7] Scientific Opinion of the Scientific Committee on a request from the European Commission on the Potential Risks Arising from Nanoscience and Nanotechnologies on Food and Feed Safety [R].The EFSA Journal，2009，958：1-39

[8] 王静，仉振江，聂昕，等. 近红外激光介导纳米粒子的肿瘤靶向治疗 [R]. 中国化学会第 29 届学术年会摘要集——第 35 分会：纳米生物医学中的化学问题，2014

[9] 刘颖，陈春英. 纳米材料的安全性研究及其评价 [J]. 科学通报，2011，56（2）：119-125

[10] 姜宜凡，常雪灵，赵宇亮. 纳米材料毒理学及安全性评价 [J]. 口腔护理用品工业，2013，23（4）：11-32

[11] 汉斯·尤纳斯. 技术、医学与伦理学——责任原理的实践 [M].张荣译.上海：上海译文出版社，2008：6，25

[12] Lenk H. Progress，value，and responsibility [J].SPT，1997，2：3-4

[13] 李醒民. 科学家及其角色特点 [J].新华文摘，2009，(20)：120-123

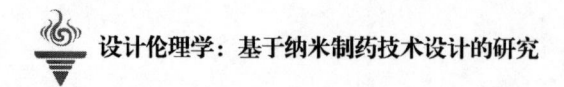

［14］王飞.伦克的技术伦理思想评介［J］.自然辩证法研究，2008，24（3）：57-63

［15］底特·本巴赫尔.责任的哲学基础［J］.齐鲁学刊，2005，(4)：127-133

［16］亚里士多德.尼克马科伦理学［M］.苗力田译.北京：中国社会科学出版社，1990：1-10

［17］龚天平.德性伦理与企业伦理［J］.伦理学，2009，(10)：54-60

［18］刘大椿.自然辩证法概论［M］.北京：中国人民大学出版社，2004：112-113

［19］徐莺莺，林晓影，陈春英.影响纳米材料毒性的关键因素［J］.科学通报，2013，58（24）：2466-2478

［20］余家会，任红轩，黄进.纳米生物医学［M］.上海：华东理工大学出版社，2011：87

［21］贺伯特·博德，戴晖译.原载《江海学刊》［J］.2007，(6)

［22］蔡磊，胡显伟.论我国环境法治中的环境正义［J］.学术探索，2010，（6）：48-54

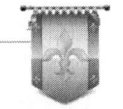

第六章 纳米制药技术设计责任控制机制

如前所述，纳米制药技术设计责任包括对人健康负责、对生态环境负责和对社会经济发展负责三重责任，其责任性质是利益相关者（stakeholder）责任，即技术设计者责任、技术决策者责任、技术管理者责任和技术使用者责任，我们将其称为纳米药物研发主体责任或纳米制药技术共同体责任。由于不同主体责任的属性不同，在此我们重点锁定纳米制药技术设计者责任，因为消解纳米制药技术风险的"源头"在技术设计。与此同时，要让不同的技术参与者参与技术的设计[1]，纳米药物的使用者可以通过使用技术之后的信息反馈参与技术设计。当然由于参与主体的不同自然会选择不同的参与路径。但总之，对纳米制药技术设计责任实施有效的责任控制需要建构协同的法律规范、伦理规约和管理制度。

第一节　纳米制药技术设计理念现代化

理念是理性力量的展现，是人类行动的指南。一位哲人曾有这样的感言："思想有多远，就能走多远。"可见，思想是行为的先导，也是解决现实问题的力量之源。

一、生态化设计理念

在生态哲学思想的基础上，有必要确立具体的理念形式。如果说哲学思想具有指导性，那么，理念是具有可操作性的指南。对纳米制药技术设计进行生态学考量，就要遵守生态学原理和规律。生态学是研究动植物与其生活环境相互关系的科学。人类作为高级生物，也是自然生态系统的内在组成部分。"物物相关，相生相克""负载定额，时空有宜""能流物复，协调稳定"等是生态系统的基本规律。在这种思想指导下，纳米制药技术设计应考量材料的循环性以及对人类生存环境乃至健康的后果。

进行纳米毒理学研究是预防纳米技术生态风险的必要方式。向人类展现纳米技术的神秘之处，使人们在研发、选择和使用纳米技术产品时，以理性选择和知情选择为前提条件是十分重要的。与此同时，纳米技术设计的生态学考量是对人权的最高尊重。因为生存权与发展权是最基本的人权。在这样的基点上，已经将技术设计赋予了伦理学和政治学意蕴。

技术设计是技术过程的源头和起点，纳米制药技术设计同样是纳米制药技术创新过程的起始阶段。纳米制药技术设计的生态理念可为预警纳米药物的生态风险起到前瞻作用。

由于人是生态系统的调控者和协同进化者，因而，人的行为在与自然生态相互作用时理应遵守生态学规律。生态学规律告诉我们，生物与环境是不可分割的整体，人在创造自己的社会历史时，也在维持生态系统的生命能力。一部世界的历史就是自然史与人类史的统一。自然万物处在一个动态的平衡之中，由物种的多样性导致的稳定性是人类得以发展的物质基础。作为精神形态的生态理念绝不仅仅是脱离物质而存在的，它是以物质为基础的精神对物质的客观反映。

纳米粒子极其微小的特点，使得工程纳米材料这种技术成果带有风险的不确定性。由工程纳米材料制备的纳米化妆品及纳米载体药物其负面影响有些也是未知的。

纳米制药技术设计的生态理念要求研制纳米生态技术，即在技术设计时既要遵守物理学、化学、生物学原理和规律，也要遵守生态学原理和规律，切实把生态系统看成是相互依赖的共同体。人既是自然的征服者和改造者，同时也是自然生态系统的普通要素。人类的行为不仅关注自身，还要考量其他万物的生态利益和人类长远的未来。这种理念并非降低了人类的身份和地位，而是在更高意义上对人类理性的弘扬和价值的肯定。

同样，生态化设计理念也是可持续发展观的再现。可持续发展是指"既满足当代人的需要，又不对后代人生存发展能力构成危害的发展"。这种发展观是经历长期思考得出的全球发展的正确选择。技术设计生态化是绿色技术兴起的根由，其根本目标在于以技术手段和方法消解技术对生态环境产生的负面性，实现人类与自然的和谐。

二、设计的制度控制

制度层面控制是"硬控制"手段。例如，制定全球统一的纳米制药技术标准，是有效解决和防范风险的根本。对标准化组织的认可和制定标准化程序是纳米制药技术设计者责任控制的迫切任务。以下我们通过不同的视角来研究制度控制方式。

首先，从控制的性质和阶段性看。管理学中的"控制"其意在于为实现组织目标而进行的预测、比较分析和纠偏的过程。一般分为前馈控制、同期控制和后馈控制。前馈控制的观点认为，通过伦理预见与评估将技术的潜在风险降到最低，科技人员应放弃那些高风险的技术研究，避免给人类带来大的危害。而后馈控制的观点则认为，应通过技术在社会中的应用实际效果来对其进行评价及制定相应规约[2]。

　　纳米技术的前馈控制包括刚性的评估系统与柔性的道德责任建构。我国虽然是"纳米研究论文"的生产大国，但是我国至今没有统一的纳米药物标准，充分说明我国的药物研发还存在着"短板"[3]。借鉴欧盟及美国 FDA 的成功经验，我国应尽快建立完善与纳米药物相关的评估体系，建立纳米药物领域专门的专家系统，定期举办科研论坛，讨论更新的评价标准与技术指南，实施人才战略，同时，应强化研究人员的道德规范意识。目前，临床试验技术人员往往只关注技术问题而很少考虑伦理学问题及受试者合法权益的保护问题，甚至欺瞒风险和侵犯受试者知情权的事件时有发生，这些都不利于纳米制药技术的发展。此外，还应加强上市后药品不良反应（ADR）监测体系的建立，强化预警机制和信号分析、处理能力，为临床用药安全提供保障[4]。

　　立法是纳米制药技术的后馈控制，与道德规约强调自律不同，法律强调他律。截至目前，我国尚没有出台一部系统的关于药物临床试验的法律法规，更不必说细化到了纳米药物临床试验的立法。这样导致药物临床试验无法可依。尽管《药物临床试验质量管理规范》是我国临床试验走上法制化轨道的重要里程碑，但是由于现代医疗技术的不断发展，该法律规范依然存在许多缺陷而远不能满足保护临床试验受试者合法权益、实现保障和促进临床科学研究顺利发展的要求。尤其是面对"精准医疗"需要的"精准药物"开发，客观上更是需要法律法规的配套和完善，以实现有法可依、有法必依的良性发展。

　　众所周知，药物临床试验是药物走向市场发挥治疗作用和实现社会效益的最后环节，从技术层面分析，药物临床试验也是科学评价药物有效性和安全性的必由之路。参与临床试验的药物受试者是基于自愿的基础上而展示的一种奉献，因为他们的选择是以自己的健康为条件挑战某些药物的风险。从这个意义上讲，不断完善临床试验相关的法律法规，建立系统化、完备化的药物临床试验质量管理规范体系，是保护受试者利益的必然要求。以此同时，基于法律的公正性和人类利益的共同性，探索建立国际统一的药物安全性评价标准和技术要求，规范各阶段的准

第六章 纳米制药技术设计责任控制机制

入制度，完善非临床、临床、生产、上市后各阶段的安全性评价机制，使受试者权益得到保障[5]势在必行。可见，明晰纳米制药技术设计责任是有效进行责任控制的前提。责任控制是管理的含义，是社会控制中的"软控制"与"硬控制"的有机统一。就一般的社会协同管理方法而言，法律规范的约束是"硬控制"手段，伦理规约是"软控制"手段，管理制度是介于两者之间的综合控制手段。三者协同，构成合力效应，实现对技术设计的利益相关者联合责任进行控制。

其次，从社会要素协同视角分析。法律规范是伦理底线，是以技术标准为条件的规则控制，也是"硬控制"。坚持法律规范要求的技术设计也是标准设计。例如，化工设备的安装设计需要保留与居民区最小的安全距离[6]；又如，国际惯例要求的有毒化学试剂的生产要远离居民区70公里。这些依法行事的标准要求技术设计者、技术决策者和技术管理者严格执行，如果违背这个要求，其行为必将受到法律的惩罚。当然，为有效规约和避免这样的风险发生，一般在项目论证阶段就要做到预警或防控，及时取缔不合理的项目，以确保安全、可持续及社会健康发展。在纳米药物研发实践中，面对技术风险进行的责任控制需要法律规范标准，例如，尽管纳米药物的应用已经为肿瘤类疾病和糖尿病等治疗带来可观效益，但要确保安全性必须首先解决毒性问题及进行进一步毒性研究实验。因为纳米尺度范围的物质具有尺度效应、结构效应和剂量效应。"一般药物安全性评价标准的'剂量-效应关系'在纳米尺度物质的安全性评价时表现出缺失。传统毒理学的'剂量-效应关系'在纳米颗粒的毒性评价中不足以解释药物的安全性问题，而理应全面考量剂量-效应关系、纳米尺寸-效应关系和纳米结构-效应关系三个方面因素的协同效应。"[7]纳米药物的风险评价亟待建立科学的评估标准，以确保纳米药物的积极效应，防止"风险评价标准也可能有潜在风险"[6]的现象发生。

伦理规约是指按照道德规范的要求行动，也是"软控制"。规约包含将"正当"作为行为主体严格接受的准则，将"正当"行为作为主体在社会中为维护社会或集体福利必须履行的义务，包含主体的价值判断和对普遍性伦理原则的遵守，规约是正当行为的价值尺度。[8]可见，伦理规约是内含价值判断，包括一整套道德原则、规范和范畴的体系。

纳米制药技术设计的伦理规约的基本原则是人道主义。伦理学的人道主义是指尊重人的权利、尊严和价值。人的权利包括自主权、自决权和选择权等，人的价值包括公平和正义等。在全部的纳米制药技术设计中应始终坚持和贯彻人道主义原则。纳米制药技术设计伦理规范是原则的派生物，包括许多具体要求，如严谨、尊重等。纳米制药技术设计伦理范畴是原则与规范相交织的网上纽结，如安全、可持续、良心、"负责任创新"等。建构完整的纳米制药技术设计伦理规范体系是进行有效责任控制的基础。在纳米药物设计实践中，必要的伦理规范可以有效约束设计者行为。尤其是当他们在设计实践中面临多重价值选择时，道德信念的力量是他们行为的动力。

管理制度是一整套内含对法律规范和伦理规约践行的规章。没有规矩，不成方圆。技术设计管理者实施的管理就是在一系列规章的指引下操作的。对技术设计管理者的责任控制需要注重过程，因为管理是人的心智活动，不是机械运用，所以，在实践中要求纳米制药技术设计的决策者和技术管理者既懂技术又懂人的活动规律和心理。只有如此，才能真正实现技术设计的安全性、可持续性和社会发展性目标。管理制度是统帅，而管理的核心是价值目标导向。在纳米药物设计实践中，管理的价值导向是人文精神。实现管理科学的目标首先要有技术规范做依托。

法律规范、伦理规约和管理制度的协同还要采用辩证视角研究三者的关系。法律规范是基础，伦理规约是动力，管理制度是统帅。如果说法律规范是"死"系统，伦理规约是"活"系统，那么管理制度就是架设在两个系统之间的通道，它连接着"死"系统与"活"系统并使之形成动态过程。

现象背后的原因总是复杂的。哲学反思在于有些时候预测技术发展的非预期后果，并防患于未然[9]。人化自然过程有设计者的理念和价值选择。安全与利益总是相互冲突的。设计与目的关联，并且技术设计总是应该服务于人类的目的。安全是福祉的保证，没有安全的设计，个人的生命、财产、家庭的幸福等都将是一句空话。因此，纳米制药技术设计要达到预期目标，实现安全、可持续和促进社会发展就必须认真考量相关的价值因素，如公平、正义、福祉及权利。只有如此，技术才能真正实现造福于人类的高尚目的。

社会控制是社会对个人或集团的行为所做的外在规约。1901年，美国早期社会学家罗斯（Edward Allworth Ross，1866—1951）在其著作《社会控制》中首先使用这一名词。技术的社会控制就是社会以某种适当的方式或手段，协调和制约技术系统运行和技术人员的活动，以维持技术与整个社会系统协调发展。[10] 可见，社会协同本身是社会控制的有效实现。

第二节　纳米制药技术设计责任控制路径

路径研究是贯彻原则和道德精神的途径、手段和方式方法。"负责任创新"的实现需要具体实践加以保障。从一般的路径看，主要包括社会因素的协同，如伦理、法律、管理和政策；而从内在动力的视角研究和分析，源于设计者信念的驱动。换言之，设计者信念是实现"负责任创新"和技术风险消解的动力之源。

一、"负责任创新"路径

从前述指标体系中可见，纳米制药技术风险的建构性技术评估首要因子是设计责任，而设计者是设计的主体。如前所述，"负责任的研究与创新"和"负责任创新"是经过诸多学者在研究的实践中丰富、发展和进一步完善的哲学概念。[11-12]

责任作为一个哲学范畴[13]，是指实践主体自觉履行并勇于担当的使命和任务。纳米药物设计者责任的研究与责任分配除了讨论利益相关者个体责任之外，还要讨论集体责任。在纳米药物设计强调个性化和差异化的同时，理应关注由纳米技术特性引发的设计风险。要使技术设计者明确什么样的设计才是负责任的设计？源于纳米结构尺寸效应的纳米技术风险结果未知，那么责任谁负？纳米药物设计者实现"负责任创新"首先要有一种创新责任的意识和信念。从观念上形成负责任的动机和价值理念及诉求。其次是在诸多未知的情况下，要实现责任控制除了技术规范的制约，还需要非技术控制策略的支持，由此需要在没有充分技术标准的时候，从社会建构性视角构建实现非技术责任控制的策略。

1. 知识评估机制[13]的建立

众所周知，知识是研究的基础。自知识经济时代到来之时人们就已经达成共识，由于知识鸿沟的存在，发展中国家在未来可能会被发达国家在纳米制药研究等领域拉得越来越远。同样，纳米技术的发展依托于纳米科学的进步，这是当前科学成为主导作用的重要体现。进行科学评估的知识基础是统计数据和毒性研究，但目前这些由于纳米技术的不确定性而难于获得[14]。纵观全球范围内的纳米技术研究，得不到数据分析的主要原因有：科研滞后、科研人员保密不说、有些研究成果等待验证和公开。纳米药物的研究数据匮乏同样具有这样的共性。可见，纳米技术需要建立全球一致的管理方法和评估标准，使之对风险的评估能够科学地沿着价值链共享数据和信息[13]。纳米技术风险可能带来的现代困境是：民众不相信科学和科学家。目前缺乏明晰的责任分配，根据什么分配责任？怎样履行责任？不履行责任怎样调解和惩罚？这一系列问题是研究的焦点。实践中处理的是应用问题而不是关系问题，关系才是伦理问题并且派生责任。责任存在于主客体的关系之中，是哲学概念而不是实际操作方法。对技术风险做一种伦理分析其分析方法是什么？怎样分析？怎样分层次选择，建立选择模型和系统？要关注纳米材料的生物降解性，保护环境从而保护健康，确定接受风险的边界是什么？等等，这些问题无不与知识相关。因此，目前亟待解决的问题是需要跨越"知识鸿沟"。

2. 知情同意的法律保障

纳米制药技术风险评估的目标是要解决已知风险并预测未知风险。但纳米材料的一些风险是慢性毒性，当毒性潜在时就使得有些纳米产品无法在数据库中找到，而没有产品的毒性标签。由于目前评估的最大困难是缺乏数据，缺乏专业目标，有时无法做到真正的知情同意，因为不知情或不充分知情，就使得知情同意成为空想。生产车间的工人是否做到了知情同意，如药物临床试验般地签署知情同意书，目前没有确切的结论。工人知道长期工作在这样微粒子密度极高的环境中对身体的损害，但是没有法律保障机制来实现实质意义上的知情同意。此外，要使纳米药物的生产车间达到 GMP 一样的标准化建设和管理生产纳米制剂，需要建立特殊的管理方式和标准而不是一般的管理方式和标准[15]。一般的纳米实验室仅关注粉尘粒度，并不涉及无菌。而纳米药学实验室应该关注这两个方面，因此更加复杂。无菌和菌级等指标[16]应远远高于一般水平。探讨纳米技术的应用对工人的影响，主要是探讨粒子毒性对工人健康的影响。公司要建立透明机制才能真正做到工人知情同意。[17]与此同时，还应从一般的风险管理模式看是否有新的法律规范以避免纳米技术有害的影响，同时还应分析怎样的风险管理模式对纳米技术最有效，使之通过特殊的"GMP"标准化管理消解纳米药物生产过程中的不良影响。

3. 道德规范的制约

道德考量属于"非功能性"要求，实践表明，在设计和研发早期对其进行道德思考不仅具有良好的道德结果，也可能导致良好的经济效果。要使技术和创新的世界尽可能最好地表达人们共享的公共价值[18]，对纳米技术而言，要精确分析哪方面的伦理问题具有特殊性？是其他技术所不具有的？[19]道德规范同样关涉到一种干预，就是事实上的治理。"负责任创新"倾向于公开、透明、聚焦风险问题和公众对话[17]。欧盟治理纳米技术风险的模式以人权保障思想为出发点，注重道德和法律双重维度。只有这样，才能在道德规范的制定上有章可循，强化道德的自觉约束力。由于缺乏科学数据的有力支持，道德规范无从建立。尤其是责任明晰度低，很多方面都在探索的过程之中，因此，创建实践中的规范和原则是急切任务，制定道德考量的"非功能性"要求规范，以实现道德自律。

伦理、法律与社会影响是专门化与分工化的关系。伦理不能忽略法律和社会限制；社会问题需要从伦理和法律框架下评估；法律规范需要考量伦理原则和社会问题的边界。当前的核心问题是缺乏知识，应该对纳米技术的产品及相关问题做特殊评价，而不是限于一般评价。显然，传统的风险评估模式已经不再适用于纳米技术，应做建构性评估。那么怎样建构？对此专家并没有很好地阐发。传统评价方法是风险的接受性（acceptable risk）、成本效益分析（cost-benefit analysis）和最佳可获得技术（best available technology）。这些是传统评估的基本出发点，而这样做是有弱点的。因此，对纳米制药技术风险进行科学和客观的评估需要实施"软规范"，即自我调节（soft regulation/self-regulation/responsive regulation），同时还要进行深层次的伦理反思[20]，使纳米技术实践者产生内在动力，以自觉地防范纳米技术风险。

4. 政策导向的指引

由于纳米技术风险的不确定性及可能的社会影响，目前需要关注职业和环境风险。政策制定者在制定政策导向时应该为监管者制定一个识别风险的框架，使得"多个看得见的手"在负责任的治理而不是"看不见的手"在靶向纳米技术的发展[21]。在政策制定的过程中关注伦理考量，这是伦理在现代意义的最高层次。

为使政策指引有的放矢，需要加强科学家与公众的交流，实现信息反馈。由此，需要纳米药物设计者研究信息反馈过程、研究伦理和政策体系，然后将生产过程中的问题及时反馈给技术设计。[22]

技术创新逻辑上需要伦理的规约[23]。韦伯认为，一切有伦理取向的行为必然受到两种伦理准则中的一种加以支配：其一是"信念伦理"，其二是"责任伦理"。责任伦理旨在强调一个行为的伦理价值只能在于行动的后果。[24]而"负责任创新"强调了行为后果发生之前的责任控制，其本质是"信念伦理"。何为信念？信念是人们在一定认知基础上对某种理论或观点持有的执著追求。"负责任创新"是纳米药物设计主体在实践中具有的使命意识和道德追求，也是确保药物风险最低的内在动力。因此，秉承这种信念，技术设计者在设计之初就将伦理价值嵌入其中，实现责任伦理的内在要求。从建构论视角解读"负责任创新"是一个道德概念，它直接关联社会道德哲学的转型，如果一个社会不能在道德哲学上实现转型，这个社会就不会有发展的动力。罗尔斯曾经说：一个美好的社会意味着人们可以充分获得所需的"生活必需品"。正义是一种价值观念，它不仅具有公平和平等之意，而且包括美德和秩序之意。它不仅仅在于社会必需品的分配的正义，更深层次的含义在于社会的基本结构和利益分配方式，而负责任的技术设计和创新是确保实现诸多利益的必由之路。

二、消解技术风险

尽管前述提及价值敏感设计方法作为一种工具方法而存在，但在这种工具方法中铰接着价值理性判断。它不是纯粹意义上的工具理性，而是富含价值理性的选择。工具理性以主体利益最大化为诉求，忽视了目的背后的价值。而价值理性将价值考量和价值选择作为行为的目标和行动准则，从而超越了工具理性的单一利益诉求，实现了合目的性与合正当性的统一。价值敏感设计蕴含了深厚的价值预设，是在设计责任控制中嵌入价值理性的过程。设计的责任控制实质是风险控制和管理。控制药物风险必然连带设计者责任。设计实践在一定意义上是一种责任实践。设计与责任的对应关系是天然的存在，因为它内在地要求设计者应该关注设计人工物（成果）的社会后果。而对人工物社会效果的关注本身是设计者责任感和责任意识的体现。

设计伦理关注各种利益关系，包括技术与人、技术与自然和技术与社会之间的关系。纳米技术负面效应主要表现为生物毒性和环境毒性。欧盟负责任的纳米技术创新规范等都强调进行纳米技术风险管理和责任控制。由此看出，进行纳米技术风险评估不仅是技术评估，更重要的在于技术的伦理评估，确定行为的正当性及正当性原则。而伦理评估内在地将成为链接政策制定的一个基本要素。在进行伦理评估的过程中，既要考量对利益相关者利益关系的合理调整，又要客观地将风险划分等级和定性。风险与效益的权衡是划分风险等级的标准。人造的或工程的纳米结构材料是值得追求的新技术，未来需要更多的努力来降低这种"可容忍的风险"[25]。进行纳米技术的伦理评估,还要考量科学有效性在伦理方面的重要性[26]。哲学家的讨论聚焦的是伦理学和哲学标准,是非技术性标准,而科学家讨论的是技术性标准。原则性标准与技术标准相关,并应该以技术性标准(数据)作为依据。当前,在纳米技术发展的快速时期,由于科学标准的缺失,评价风险的标准或许会有失偏颇,所以要实现责任控制首先要确立科学的技术评价标准。

技术风险主要包括技术开发风险和技术应用风险[27],"研究风险可能会演化为社会风险",风险是客观危害的不确定性。由于技术应用具有"反身性"(reflexivity)[27],纳米药物的技术风险与技术设计紧密相关。优化设计会降低风险,并且这种优化将实现对药物应用风险的预警。

当然,在没有统一科学评价标准的情况下,药物设计者的良知更为重要。在面对多条设计路线进行选择时,应该考虑的是优化和首选路径,做到风险最小,安全性最高。科学研究不仅开发用途,还要研究毒性和负面性。美国学者米勒等认为,当前有关纳米毒理学的数据仍然具有不确定性,如流行病学研究数据并不可靠。由于每个人接触颗粒的量几乎不可能精确测得,所以很难将超微粒与死亡确切地联系起来。由动物试验得到的纳米材料的毒性数据并不能确切地推测出纳米材料对人体的毒性,对于同种物质,短时间内大量频繁地接触产生的效果并不能完全等同于长时间稍低剂量的接触的效果。此外,人体接触物质的方式比受试体多得多。现有数据一般都集中在吸入纳米材料后对呼吸系统组织的损害上,并没有研究纳米材料在进入人体循环系统后的整体毒性,缺乏人体与各种纳米材料的接触程度的信息[28]。这种复杂性挑战安全评价标准,使纳米制药科研人员的重任更艰巨。因此,需要对同一种不同尺寸的纳米颗粒的毒性进行系统研究,以建立科学、可靠的技术标准。

传统毒理学中颗粒的尺寸不被认为是决定毒性的因素,决定毒性的因素主要是颗粒的剂量。但是,在纳米尺度范围内,颗粒的大小、比表面积等与活性、毒性紧密相关。纳米粒子的电荷属性与毒性相关。例如,科学家"对核心为 2 纳米的金纳米颗粒研究发现:带正电荷的金颗粒具有中度毒性,而带负电荷的金颗粒相对无毒;高浓度的金颗粒有毒性"[29]。

科学研究还表明，颗粒尺寸的变化完全逆转其毒理学行为。某些纳米颗粒在一定尺寸下具有高毒性，而在另一尺寸下具有惰性和安全性。因此，评价纳米材料毒性，除了传统毒理学研究中的"剂量-效应"关系，还要考量"尺寸-效应"关系和纳米毒理学研究中的系统研究方法[7]。在多条设计路径下，选择什么选项（option）用以降低风险是科学家的道德选择。对新兴技术做风险分析的目的是要帮助人们认识风险的本质，明晰风险产生的原因，以找到控制风险的方法。[30]目前，世界范围内都在讨论纳米科技的生物效应、风险及安全性问题。美国、英国、欧盟等国家和地区着手制定纳米材料的生产和使用的技术立法和规范，以实现风险控制。

在设计实践中，责任控制的思想轨迹在于对义与利关系的正确把握和处理[31]。正确处理设计的伦理评估与技术评估的契合，使伦理评估的要素系统与技术评估的要素系统实现有效对接，从而可以实现技术方法和价值选择的合一以控制风险的发生。价值敏感设计方法是在纳米新药研发中实现上述对接的最佳选择。今天技术风险的防范不仅需要"工具理性"的手段制约，更需要"文化因子"的价值判断左右。不能以因果思维和工程思维做简单决策，而要以复杂性思维研究和非线性关系做决断。可见，沿着价值轴演变的哲学必然对变化中的个人与社会生活做出回应，与此同时，嵌入各门具体科学的自然图景[32]。

消解技术风险的具体路径包括以下三个方面。

1. 风险识别点的确定

依据风险管理理论，技术风险管理过程包括风险识别、风险评估、风险沟通和风险控制四个阶段，其中第一个阶段就是风险识别，而技术风险识别是一个难点。采用科学方法确立技术风险的识别点，是开启风险管理的重中之重。

风险识别关涉知识管理，风险识别方式有多种，如头脑风暴法、专家访谈法、文献研究法等均为常用方法。定期向从事专业领域的专家或有经验人员了解纳米制药知识管理中可能存在的风险是实现风险的规避、转移、弱化与吸收[33]，消解技术风险的前提基础。

由于每一种药物都有特殊性，客观决定了药物的风险识别方法各异。本书仅以纳米制药为例，如"将多烯紫杉醇制备成纳米混悬剂以提高药物浓度，改善药物的理化性质，增加生物安全性，减少不良反应"[34]。

紫杉醇（Taxol）是一种高效、低毒、广谱、作用机制独特的抗癌天然植物药物，临床用的紫杉醇多有过敏反应和神经系统毒性等，且机理不清。科学家通过大量研究发现，脂质体可降低药物毒性，而且具有"个性化"或"差异化"特点。中南大学张阳德教授的研究团队制备一种靶向肝癌组织的空间稳定性紫杉醇纳米脂质体，以期改善传统药物剂型的不良影响，实现紫杉醇的体内长循环，改善其在重要器官和肿瘤组织中的分布，减轻不良反应，同时提高其对肿瘤的治疗效果。经过一系列实验，发现与紫杉醇溶液相比，脂质体包封的紫杉醇在体内的循环时间明显延长，而在心和肾两组织中的量显著降低，表明脂质体可降低紫杉醇的心毒性和肾毒性。与普通脂质体相比，半乳糖化脂质体在肝脏中的浓度明显提高，且靶向效率提升。[35]

对紫杉醇纳米制剂风险点的识别首先要关注纳米材料选择风险，如将脂质体选作纳米载体具有良好生物降解性和稳定性；其次要关注药物剂型选择风险，如制成纳米混悬剂以提高药物浓度，降低不良反应；等等。可见，纳米药物设计实践是设计者的技术实践、知识实践和伦理实践，因为风险点的确定依托于这三个基本条件。

2. 管理规范的执行

针对 GMP 要求，纳米药物的生产和研发也要按照 GMP 进行过程管理。荷兰特温特大学纳米研究中心是全球第二大纳米研究基地，他们在洁净间标准方面已经做出典范。不仅有符合 GMP 要求的更衣处，而且有符合 GMP 要求的洁净操作间。

按照 GMP 管理规范，药物制剂的硬件是确保药品质量的重要条件。我国 GMP 规定，100 级洁净厂房用于生产青霉素和大体积的输液剂；10 000 级洁净厂房用于生产小体积注射液和口服乳；100 000 级洁净厂房用于生产片剂和胶囊。与此同时，GMP 生产要求工作人员的更衣处分为脱衣处和穿衣处，目的是确保生产条件的洁净度在硬件标准方面符合产品质量要求。

一般而言，药物研发过程包括临床前试验研究、临床试验研究、药品生产设计、上市后的不良反应监测与再评价四个阶段，纳米药物也不例外。在我国，药品研发的独创能力偏弱，目前仍以仿制国外已上市或正在研究的药物为主，可见这种创新能力的不足限制了我国对药品资源的开发和利用，同时也造成医药卫生资源短缺。例如，抗艾滋病药物的研发，我国是原料药生产大国，但是艾滋病患者的治疗却要从国外进口药剂。这不仅给患者带来经济负担，而且造成资源外流。为有效激发药品研究者的创新能力，1992年我国修订《专利法》，将药品和化合物纳入我国专利保护范畴，从而扩大了专利保护范围。1998年3月，国家食品药品监督管理局（CFDA）成立，之后于2002年和2005年先后两次修订《药品注册管理办法》。这些举措不仅加强了知识产权保护，而且为药物研发从仿制走向创新奠定了坚实基础[36]。

我国于20世纪80年代初在制药企业中推行GMP管理。其目标是对药剂生产进行过程管理，因为药品生产企业是产品质量的第一责任人。1988年，依据《药品管理法》，卫生部颁布了我国第一部GMP（1988年版），作为正式法规执行。GMP要求企业建立药品质量管理体系，对药品生产管理和质量控制提出基本要求，并通过规范管理最大限度地降低药品生产过程中污染、交叉污染以及混淆、差错等风险，确保持续稳定地生产出符合预定用途和注册要求的药品。而就纳米药物的特殊性而言，现行GMP规范需要结合纳米药物的特性进行适当的调整和强化[37]。目前在纳米药剂生产过程中存在的问题偏多，而且亟待解决。以规范管理为手段无疑是防范和消解技术风险的有益途径。药品不良反应监测与再评价也是药物制剂过程管理不可或缺的重要一环。20世纪60年代的"反应停"事件促使世界各国进一步完善药品管理法规和制度建设，并加快了对药品不良反应信息收集系统的建立[38]。美国、英国、瑞典、澳大利亚等发达国家率先建立了药品不良反应报告制度。在此基础上，国际社会建立了WHO药品监测合作计划以及其他国际监测体系，并设立国际药品监测合作中心（即现乌普萨拉监测中心），主要收集药品在正常用法

143

用量下与用药目的无关的有害反应。2001 年 12 月，我国在《药品管理法》中明确提出"国家实行药品不良反应报告制度"，标志我国药品不良反应监测工作正式步入法制化轨道。对纳米药物的再评价随着监测和管理体制的完善及认识的深化，也取得了重大进展。前不久，世界经济合作与发展组织（OECD）人造纳米材料工作组和美国 FDA 药物评估和研究中心（CDER）药学办公室（OPS）发表了纳米材料的关键性质清单，可以为识别纳米材料的性质提供指导。[39]

从以上分析和论述中足以见得消解纳米制药技术风险仍然是药品生命周期全程的重要目标。而 GMP 规范的执行是在纳米药物生产设计阶段的"硬控制"。

此外，纳米材料的多样性决定了对纳米材料生物环境安全性评估方法也必须具有多样性，特别是在评价时需要多种指标参数和数据的支撑。目前对纳米材料各参数的测量主要依赖于近代发展的形态、结构、界面观测仪器，如扫描电镜、扫描隧道显微镜、X 射线吸收光谱等精密仪器的旧技术支持。与此同时，研究人员采用在线检测和控制纳米颗粒的技术，如静电低压撞击分离器（ELPI）、扫描电迁移颗粒谱仪（SMPS）和激光诱导白炽光光谱（LII）等。但由于这些仪器只能测量单一的技术指标，且各自的测量结果存在某些差异，而带来技术检测方面的障碍。因此，创新检测原理、方法和技术，将会为环境中纳米材料的在线检测提供有力的工具。[40]当然，通过科学手段和仪器设备的监测也可以防止纳米制剂生产过程中的交叉二次污染。

3. 科学家与公众交流

这是信息互动和反馈过程。根据沟通（交流）理论可知，沟通（交流）是指可理解的信息或思想在两人或两人以上的群体中传递和交换（传播）的过程。科学家与公众的沟通和信息交流可以帮助公众理解和接受纳米制药技术具有的某些不确定性，以更好地使用这种技术成果。它一方面强调科学家的主动性，另一方面更重要的是突出公众参与，以实现纳米药物使用者对技术风险的"可接受"，因为药物在未来即药学监护时代是一种维护健康的必需品。[41]

第六章 纳米制药技术设计责任控制机制

公众参与源于第二次世界大战以来的"环境危机"。由于 20 世纪 60 年代以后人们的环保热情高涨，公众参与环保的意识不断在增强。受到 1972 年斯德哥尔摩人类环境会议上发表的《人类环境宣言》的影响，各国纷纷开始了"公众参与"方面的立法实践。关于纳米尺度物质的研究与开发，要发挥公众的参与意识，使之根据一定法律程序而进行合法参与，并通过相应的法律保障，使公众对纳米技术成果享有知情权。[42]要达到这样的目标，科学家与公众交流十分重要，因为人们会通过协商谈判的方式来实现价值评价与价值交换。

在纳米技术风险评估实践中，为有效实现公众参与，建设必要的公众参与平台势在必行，应促进科学家、管理者、技术设计者与公众交流，实现协商民主技术的再造。一方面使公众对纳米制药技术风险的认知程度增加；另一方面使政府和科学家群体从民主技术的建构视角将风险治理框架融入公众思想和实践理念，防止公众后坐力。正如科学哲学家库恩所说，一个人所看到的不仅依赖于他在看什么，而且还依赖于他以前视觉概念的经验已经教会他去看什么[43]。思想无内容则空，直观无概念则盲。由"纳米材料的安全问题衍生出纳米伦理。纳米伦理从责任原则出发，强调科学家必须及时将有关纳米材料生物效应研究的情况告诉公众，尤其是职业人员"[44]。只有如此，才能有效促进公众做到事实上的知情同意。

三、纳米制药技术设计者使命意识

纳米制药技术"设计"是一种"谋划"，而这种谋划必须有使命意识以及价值理性的接入，否则就可能导致纳米制药技术出现价值危机，进而蜕变成一种"危险的谋划"，有鉴于此，"文化生产力"才更应该成为讨论纳米制药技术的现实语境。"技术设计是技术研发的起点，其实质是人化自然的过程。关注技术设计过程中的伦理问题，是确保技术积极价值实现的关键。纳米制药技术设计的伦理问题主要表现为安全性设计、可持续性设计和社会发展性设计，其旨归是人文精神。"[45]强调人文精神，就必须从文化生产力的高度、从价值理性嵌入的维度来阐述纳米制

145

药技术设计者所应担当的使命意识,这种使命意识必然要求对纳米制药技术所引发的相关伦理问题展开深度思考。总体来看,纳米制药技术设计者所关涉的使命意识主要集中在生命责任意识、环境责任意识、社会责任意识三个层面。

关于纳米制药技术设计者的生命责任意识。任何技术都不是抽象的技术,纳米制药技术也不例外,纳米制药技术渗透在技术设计者、技术管理者、技术使用者之中,这些具体人生成了一个纳米制药技术共同体,因此,纳米制药技术是源于人、用于人的技术,担负生命责任意识是开发纳米制药技术的题中应有之意。健康所系,生命相托,纳米药物风险直接关涉人的生命安全,敬畏生命、维护尊严是纳米制药技术实践主体的价值追求。在纳米制药技术设计者的使命意识担当中,技术设计责任首当其冲,安全性、人道性是技术设计的核心价值,功利性、专属性虽然也是必要诉求,但绝不能上升为技术设计的核心价值,一旦功利意识主导了技术设计,其后果必将十分危险。纳米制药技术的管理者和使用者同样需要生成相关的使命意识,如监管意识、风险意识、规则意识、善后意识等,生命责任意识并不是技术设计者独立承担的使命意识,而是纳米制药技术共同体共同承担的使命意识。技术异化现象是生命责任意识失落的最危险后果,工具理性的泛滥使技术从"为人"的工具异化成了一种反制人的力量,由单纯的工具衍变为一种带着霸权表情的怪兽,科学技术一旦上升到意识形态的高度奴役人,技术异化的梦魇便真实发生了。要防止纳米制药技术走入或走近如技术异化的歧途,就必须用价值理性来不断校正它的发展方向,阻止功利主义价值观对纳米制药技术的浸淫,其核心支点是技术设计者的使命意识问题,技术专家必须同时成为伦理专家,成为技术伦理的守望者和开拓者,而不是单纯陶醉于技术本身的精细与完备。文化生产力理论主张工具理性与价值理性的契合,这种契合首先必须是人的自我提升和全面发展,必须是科学家或药学家知识结构的均衡和使命意识的生成。

关于纳米制药技术设计者的环境责任意识。环境伦理学主张把权利和价值的概念扩展到自然界,既承认人的权利和价值的合理性,又承认

第六章 纳米制药技术设计责任控制机制

自然界的权利和价值的内在性。目前已有的生态环境问题大多是宏观领域的问题，主要是工业文明大发展所导致的物种消失、能源枯竭、大气污染等。如果纳米制药技术设计或使用不当，将极有可能走向自然的本体论缺失，进而毁掉我们人类唯一的生存家园——地球。处于纳米量级的材料具有更高的毒性，研究显示，不管是什么物质，体积缩小到超微级，其毒性将会变得更大。纳米颗粒尺度小、用量少、易流失、回收难，一旦大量弥散在水土和空气中，必然造成持续的环境污染。从近景来看，纳米药物的废物处理本身就是十分棘手的问题；而从远景来看，在纳米制药技术的参与之下，人类极有可能史无前例地实现人工造物，新物种的出现则极有可能打破复杂而稳定的自然图景，极有可能从最底层撕裂自然物质相互依存和能量交换的基本链条，最终将引发怎样的后果我们尚无从知晓，但未知的恐惧恰恰比已知的恐惧更加令人不安。正因如此，环境使命意识是纳米制药技术可持续发展的前提要件，在技术设计、技术管理、技术使用等环节都必须审慎应对。马克思指出："自然界，就它本身不是人的身体而言，是人的无机的身体。"[46]人类只有一个地球，毁坏了它人类就会无家可归，迄今为止我们看到的很多天灾实质上却根源于人祸，根源于巨大物质利益诱惑之下环境使命意识的苍白无力。所以，纳米制药技术风险绝不是纯粹的技术问题，在更深层次上也是复杂的文化问题，文化生产力视域下的技术必然是人、技术、环境共生共赢的技术。

　　关于纳米制药技术设计者的社会责任意识。早在1986年，被誉为"纳米科学之父"的美国科学家德雷克斯勒就在《创世工具》一书中提出了"灰色忧伤"之说：在纳米时代的"乌托邦"世界里，纳米级的"工人"管理着各种原子大小的生产设备，它们能够造出任何它们可以想象到的所有产品，微型"装配工人"们无限制地复制它们自己，它们"吞噬"着阻碍自身的一切存在物，包括植物、动物甚至人类。这样的表述多少有些危言耸听，但纳米制药技术的开发及其应用从本质上说的确是一种伴随着巨大风险的实践活动，对它的考量不能只停留于技术层面的精细，甚至也不能满足于道德层面的关注，更要上升到社会实践层面进

147

行风险管控。纳米制药技术一经产生,就已经不再只是一种孤立的工具文化,而是负载着正负价值的、具有一定伦理指向的、在实践中同步参与并洗礼生活世界的现实力量。纳米制药技术的聚合性特征需要怎样的高端人才才能胜任相关工作?现行教育体制和教育理念如何调整才能应对这一挑战?政府决策者应该如何考虑纳米制药技术开发的远景路线图?纳米制药技术的社会责任分属怎样划界?这些问题都关涉到社会的公平与正义等核心价值取向。随着纳米制药技术的快速发展,有效解决发达国家与发展中国家的"知识鸿沟"、合理利用和分配纳米药物资源、适度降低纳米药物的研发和生产成本,以及加强科学家与药物使用者之间的信息交流等一系列努力都是实现纳米制药技术发展、匡扶社会公正的题中之意。在文化生产力的视域里,纳米制药技术设计更加需要哲学主体间性理论的指引,主体间性是指主体与特殊客体(其他主体)之间的一种对话性平等关系,是主体能动性在主体间的双向延伸,它的价值指向就是和谐共同体的创建。在纳米制药技术共同体中,技术设计者、技术管理者、技术使用者需要更多的尊重和理解,要剪除各种技术歧视、经济歧视、道德歧视现象滋生的社会根源。萨特指出:"他人,其实就是别人,即不是我自己的那个自我","我和他人的关系首先并从根本上来讲是存在与存在的关系,而不是认识与认识的关系"[47]。真正的平等意识是构建和谐社会的精神之源,如果纳米制药技术设计将这份必要的尊重植入其中,必将实现人、技术、社会的同步提升。

当然,纳米制药技术共同体的使命同样反映科学的精神气质和科学精神。纳米制药技术共同体对责任的担当正是技术主体的责任感和科学精神的展现。肩负责任和使命的技术主体定会在实践中实现造福于人类的善良目标。当然,美德不是与生俱来的,而是后天训练的结果。纳米制药技术共同体对责任和使命的肩负不仅需要热情,更需要理性。王德胜教授指出:"纳米技术等高科技对社会所产生的负面影响,不可能仅仅凭着科学技术本身去解决,人类需要用理性的律令去判断高新科技的价值取向和使命意识。"[48] 文化生产力与纳米制药技术的真正契合或许还需要我们更多一点耐心和期待,但既然有了思路,行动就应该不遥远了。

四、信念的动力机制

责任控制的实现与个人的道德判断相关，而个人的道德判断受两种性格变量的影响。一是自我强度；二是控制点。自我强度衡量一个人所持信念的力量；控制点是人们相信能够掌握自己命运的程度。[49]

信念是认知、情感、意志和行为的内在统一。认知、情感、意志是信念生发的心理过程，其中认知是基础，情感是动力，意志是保障。它们紧密联系，构成主体信念产生和实现的机制。与此同时，技术主体在信念的驱动下，会以不畏困难、百折不挠的毅力为实现目标而行动。

在"负责任创新"实现的过程中，信念的动力特征十分明显。其中，道德判断是价值理念形成的基础，也是信念执著的根源。确保技术主体道德判断的正确，其标准是善恶价值观。可见，责任包括两个方面，即个体社会责任和群体社会责任。群体社会责任的履行受组织文化的影响。在风险容忍、控制以及冲突容忍方面表现的原则和价值理念，本质上又是群体的组织文化形式。

纳米制药技术设计者的价值理念和价值观是决定技术风险是否得以消解的根本所在。那么，如何才能形成技术主体的信念，并真正发生信念的动力作用呢？这一点关涉对信念的动力机制研究。

社会学原理告诉人们：动力源于需要。人的需要不同，动力的强度就不同。而马斯洛的需要五层次理论将人的需要划分为五个等级：他认为初级需要是人的物质需要，包括生理和安全的需要；高级需要是社交、尊重和自我实现等精神需要。不同层级的需要对主体行为产生的动力强度不同，因为实现需要目标付出的成本会依据满足需要过程的艰难性加以取舍（图6.1）。

如图6.1所见，纳米制药技术设计主体在需要的驱动下产生动力和目标，并为实现目标而执著追求，外显的行为是"负责任创新"，实现的目的结果是消解技术风险。消解技术风险在更高意义上保障了纳米制药技术利益相关者的利益和人类可持续发展的长远利益，实现了伦理正当性要求。广义的信念既包括认知、情感、意志等心理过程，也包括"负责

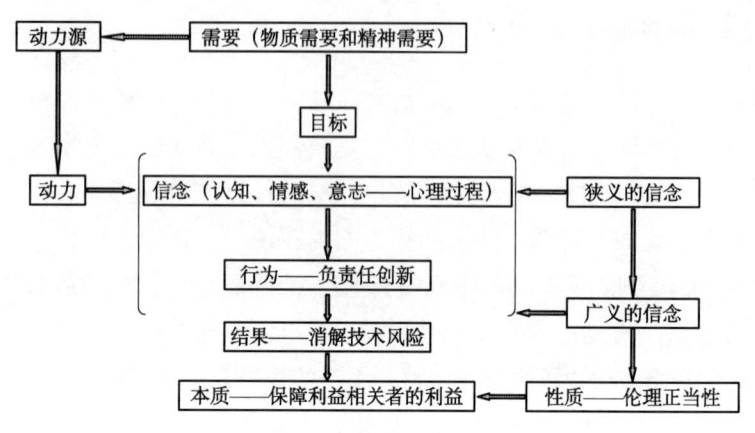

图 6.1 信念的动力机制

任创新"的外显行为表现。心理的动力过程是行为实现的来源与保障。而能够完成信念动力的全过程源于纳米制药技术设计者的责任意识和责任感以及主体意识中的道德法则。道德法则是实践理性为自身创制的道德立法，它是责任存在的内在依据。人的价值的实现是实践的，实践意味着对实践规律的尊重，这个实践规律就是道德法则。正如康德所言："从对实践规律的纯粹尊重而来的，我的行为的必然性构成了责任，在责任前一切其他动机都黯然失色，因为，它是其价值凌驾于一切之上、自在善良的意志的条件。"[50] 价值论在本质上是实践的责任论，"设计者的价值缘起于其信念和责任"[51]。

参考文献

[1] 马尔施. 生物医学纳米技术 [M]. 吴洪开译. 北京：科学出版社，2008：170-171

[2] 董晓丽，徐爽，赵迎欢. 纳米技术的伦里沉思——以纳米制药技术为例 [J]. 佛山科学技术学院学报（社会科学版），2013，31（2）：14-17

[3] 刘昌孝. 创新生物医药研发的再思考 [J]. 现代药物与临床，2013，28（4）：469-475

[4] 白荣. 纳米药物的靶向作用及不良反应 [J]. 中国组织工程研究与临床康

复.2010，14（8）：1463-1466；吕东，黄文龙.药物技术评价与药物研发［J］.中国药业.2009，18（12）：12-13

［5］吴添舒，唐萌.纳米药物的毒理学与安全性评价［A］// 中国毒理学会第四届中青年学者科技论坛论文集［C］.2014：37

［6］安珂·范·霍若普.安全与可持续：工程设计中的伦理问题［M］.赵迎欢，宋吉鑫译.北京：科学出版社，2012：69-70，140

［7］常雪灵，祖艳，赵宇亮.纳米毒理学与安全性中的纳米尺寸与纳米结构效应［J］.科学通报，2011，56（2）：108-118

［8］赵迎欢.高技术伦理学［M］.沈阳：东北大学出版社，2005：12-13

［9］马尔施.生物医学纳米技术［M］.吴洪开译.北京：科学出版社，2008：6

［10］甄凌，常立农.纳米技术的正负效应及社会控制初探［J］.西安电子科技大学学报（社会科学版），2003，13（3）：115-119

［11］Owen R，Macnaghten P，Stilgoe J. Responsible research and innovation：From science in society to science for society，with society［J］.Science and Public Policy，2012，（39）：751-760

［12］te Kulve H，Rip A. Economic and societal dimensions of nanotechnology-enabled drug delivery［EB/OL］.http：//www.utwente.nl［2013-02-19］

［13］European Commission.Understanding Public Debate on Nanotechnologies——Options for Framing Public Policy［R］.Belgium，2010

［14］Jacobs J F，van de Poel I，Osseweijer P. Sunscreens with titanium dioxide（TiO_2）nano-particles：a societal experiment［J］.Nanowthics，2010，（4）：103-113

［15］Eaton M A W. How do we develop nanopharmaceuticals under open innovation？［J］.Nanomedicine：Nanotechnology，Biology，and Medicine，2011，（7）：371-375

［16］Dilling O，Herberg M，Winter G.Responsible Business-Self-Governance and Law in Transnational Economic Transactions［M］.1th ed.North America：Hart Publishing，International Specialized Book Services，2008：53-57

［17］Rip A.De facto governance of nanotechnology［A］// Goodwin M，Koops B J，Leenes R.Dimensions of Technology Regulation［C］.Nijmegen：Wolf Legal Publisher，2010：182，297

[18] van den Hoven J. Value sensitive design and responsible innovation [A] // Owen R, Bessant J, Heintz M.Responsible Innovation: Managing the Responsible Emergence of Science and Innovation in Society [C] .John Wiley & Sons, Ltd, 2013: 75-80

[19] Godman M. But is it unique to nanotechnology? Reframing nanoethics [J]. Science, Engineering, Ethics, 2008, (14): 391-403

[20] Schummer J, Pariotti E.Regulating nanotechnologies: risk management models and nanomedicine [J] .Nanoethics, 2008, (2): 39-42

[21] D'Silva J, Robinson D K R, Shelley-Egan C.A game with rules in the making-how the high probability of waiting games in nanomedicine is being mitigated through distributed regulation and responsible innovation [J]. Technology Analysis and Strategic Management, 2012, 24 (6): 584, 590

[22] I nvernizzi N. Union perspectives on the risks and implications of nanotechnology [A] // van Lente H, Coenen C, Fleischer T, et al. Little by Little Expansions of Nanoscience and Emerging Technologies [C] .Heidelberg: Akademische Verlagsgesellschaft AKA, IOS Press, 2012: 195-215

[23] 潘锡杨,李建清. 科技伦理视域下的绿色创新研究 [J]. 自然辩证法研究, 2014, 30 (6): 82-88

[24] 陈大兴. 论学术职业伦理的属性及其塑造 [J]. 自然辩证法研究, 2013, 29 (10): 50-55

[25] 赵宇亮, 吴树仙. "风险与理性": 面向社会需求的纳米科学技术 [J], 科学与社会, 2012, 2 (2): 24-35, 32

[26] McMahon D.Stem cell translation in China: Current clinical activity and emerging issues [R]. 北京: 北京生命伦理学高级研讨会, 中国医学科学院, 北京协和医科大学, 2012

[27] 费多益. 风险技术的社会控制 [J]. 清华大学学报（哲学社会科学版）, 2005, 20 (3): 82-89

[28] 王前, 朱勤, 李艺芸.纳米技术风险管理的哲学思考 [J]. 科学通讯, 2011, 56 (2): 135-141

[29] 刘颖，陈春英. 纳米材料的安全性研究及其评价［J］. 科学通报，2011，56（2）：119-125

[30] Asveld L，Roeser S. The Ethics of Technological Risks［M］. London：Lotte：Asveld and Sabine Roeser，2009：120

[31] 高兴. 设计伦理研究［D］. 江南大学博士学位论文，2011：141

[32] Kitcher P. Philosophy inside out［J］. Metaphilosophy，2011，42（3）：248-260

[33] 王秀山，林莉，史宪睿. 基于风险防范体系构建的企业知识管理研究［J］. 软科学，2005，19（1）：85-87，96

[34] 李林穗，王东凯. 静脉注射多烯紫杉醇纳米混悬剂的制备及性质考察［J］. 中国新药杂志，2010，19（17）：1613，1615，1620

[35] 唐勇，李坚，张阳德. 具有肝靶向功能的半乳糖化紫杉醇长循环纳米脂质体抑瘤作用研究［J］. 中国现代医学杂志，2012，22（9）：6-11

[36] 叶仙蓉. 试探药物研发与政府监管［J］. 中国新药杂志，2012，21（18）：2100-2103

[37] 赵迎欢，van den Hoven J. 纳米药物的风险及控制［J］. 医学与哲学，2010，31（7）：27-28，48

[38] 田春华，曹丽亚，陈易新. 我国药品不良反应监测的发展现状及尚需解决的问题［J］. 中国药房，2004，15（3）：132-134

[39] 姜宜凡，常雪灵，赵宇亮. 纳米材料毒理学及安全性评价［J］. 口腔护理用品工业，2013，23（4）：11-32

[40] 刘锦淮，孟凡利. 纳米技术环境安全性的研究及纳米检测技术的发展［J］. Chinese Journal of Nature，2009，30（4）：211-215

[41] Veatch R M.Pharmacy ethics in the era of pharmaceutical care［A］// Sadoff R L.Issues in Pharmacy，Law，and Ethics［C］.Minneapolis：Minnesota University Press，2008：21

[42] 马莉，魏玉鹏. 纳米材料和纳米技术发展的法律思考［J］. 法制与社会，2010，（3）：253-254

[43] 刘中梅，王续琨，侯海燕. 纳米技术评估中公众参与行为意向与风险认知

理论基础探析［A］.第九届中国科技政策与管理学术年会论文集.2013

［44］刘元方,陈欣欣,王海芳.纳米材料生物效应研究和安全性评价前沿［J］.Chinese Journal of Nature,2011,33（4）：192-197

［45］赵迎欢,王丹,綦冠婷.纳米制药技术设计的伦理问题及责任控制机制［J］.武汉科技大学学报（社会科学版）,2013（4）：354.

［46］马克思.马克思恩格斯全集［M］.第四十二卷.中共中央马克思恩格斯列宁斯大林著作编译局译.北京：人民出版社,1979：95

［47］让•保尔•萨特.存在与虚无［M］.陈宣良等译.北京：生活•读书•新知三联书店,1987：325

［48］王秀丽,王德胜.纳米技术的哲学价值［J］.自然辩证法,2006,（4）：64

［49］斯蒂芬•罗宾斯,玛丽•库尔特.管理学［M］.李原,孙健敏,黄小勇译.北京：中国人民大学出版社,2012：127

［50］康德.道德形而上学原理［M］.苗力田译.上海：上海人民出版社,2002：53

［51］van den Hoven J,Weckert J. Information Technology and Moral Philosophy［M］.Cambridge,New York：Cambridge University Press,2008

第七章
设计伦理研究展望

现代会聚技术的发展要求哲学家重塑人的精神世界,哲学是时代精神的火车头。"完美地将技术设计与价值相结合不仅需要技艺和科学方面的能力,还要了解相关的价值及价值如何在受问题体制影响的公众生活和相关群体中发生作用。"[1]

科学家共同体目前承认对纳米制药技术风险进行科学评估可利用的数据太少,进一步研究纳米物质与生物活体、人体及环境的反应还在继续,要做到评估的科学性和准确性,收集广泛和全面的风险数据是必需的,"没有数据,就没有市场"。数据的完整性对推论科学的结论更是重中之重。当然,这个道路极其艰巨和遥远,但我们相信,只要路是对的,就不怕路远。

第一节 纳米制药技术设计伦理研究的结论与不足

一、研究结论

第一,纳米制药技术风险的消解应前移至纳米药物设计阶段。因为设计是药物研发的起点,也是进行药物结构优化和功效发挥的关键。在技术风险消解过程中,要实现对纳米制药技术设计者的责任控制,必经之路要通过"负责任创新"意识的养成和信念的动力机制,以实现纳米制药技术正价值的发挥。

第二,价值敏感设计方法在纳米制药技术设计过程中的整合,使药物设计者在技术行为之前嵌入价值理性,将科学的合理性和伦理的正当性有机契合,以防范纳米制药技术引发的健康安全、生态环境安全和社会安全等伦理问题。"对于技术设计而言,设计语境的选择十分重要。要实现将价值和功能性因素完美结合,这是最优设计。价值敏感设计将所有利益相关者的价值考量其中,共享了基于观察的调查模式、哲学模式和技术模式对设计价值的共有结论,带有普适性的本质特征。"[2]

第三,从责任链上对纳米制药技术设计责任进行分属和性质研究可见,纳米制药技术设计责任包括安全性设计、可持续性设计和社会发展性设计。设计者责任包括药品安全责任、员工健康责任和环境保护责任,设计者责任是纳米制药技术设计责任的首要责任。

第四,在设计伦理规范体系中,科学性与人文性相统一是设计伦理原则;技术规范框架与伦理规约共价是设计伦理规范;安全与可持续是设计伦理的一般范畴;"负责任创新"是设计伦理的核心范畴。设计伦理规范体系中的伦理原则、伦理规范和伦理范畴,构建起设计伦理学体系的"硬核"。它不仅在基本研究视域打开了技术设计伦理的"黑箱",而且丰富了设计伦理研究和技术哲学研究的"硬核"理论。"随着复杂技术的不断涌现，原有的方法和手段已无法满足需要，多学科参与到技术风险管理中的趋势不可避免，人文思维、方法的出现正当其时，伦理作为一种规范人类这一行为主体的道德的哲学，将成为未来处理复杂技术巨系统的有效手段和必然途径。"[3]

第五，从社会建构论视角对纳米制药技术风险做建构性技术评估是预警技术风险的基础前提，包含健康安全、生态环境安全、社会安全、政策引航等四个方面的纳米制药技术风险建构性技术评估的指标体系是对风险管理理论和责任控制机制研究的发展。

尽管纳米制药技术正处于从不成熟走向成熟的发展进程中，但这种技术的蓬勃发展将为人类健康和生命维护带来福音是毋庸置疑的事实。纳米制药技术风险依照一般的风险管理理论属于可容忍的风险，即人们通过技术方法的改进和手段的采取可控制。

技术风险的迟延性及技术的逻辑延展性为我们正确考察和处理纳米技术相关伦理难题提供了研究的基础和视角。从哲学的意义上讲，一种技术的社会认可并非是技术合意性的展现，因为社会认可是事实，而社会合意性是价值和规范。一项新技术社会认可本身并不意味着技术是社会合意的（社会可接受的），并且各种形式的技术设计可能存在道德问题。毫无疑问，社会合意（社会可接受，socially acceptable）是社会认同（社会认可，socially accepted）的，即必须是引导世界的；相反，社会认同的要接受道德审查，即是受规范指导的。[4]也就是说，社会合意性中包含着伦理道德的正当性，只有符合伦理正当性的行为才是社会合意的行为。纳米制药技术正在实现社会认可与社会合意的相融。

然而我们必须看到，社会的普遍认可是基于事实和问题发生的，而社会合意是基于价值与规范为基础的。纳米制药技术的创新实践"在有利的情况下，创新的过程可以自我加强，导致指数的变化率"[5]。这种叠加表明，纳米制药技术发展和迅速扩散将影响广泛的文化，改变社会的整体面貌。相信，未来纳米制药技术发展中的投入将带来可观和显著的价值，这种价值不仅表现在经济效益方面，而且具有文化因子，是社会飞速发展"软实力"的再现。

二、研究的不足之处

本书的不足之处在于微观的技术风险评估由于数据的缺乏呈现弱势。微观的量化技术评估是"指对风险的发生概率、发生时间、持续状况、风险后果、风险不可测程度作出评估。完善的指标体系是保证评估的合理性、全面性和科学性的最基本条件"[6]。但由于目前纳米制药技术研究的客观复杂性,可采用的数据难以获取而无法做一一实证研究,使实证研究的全面性受到某种制约。但我们相信,随着科学家共同体科学研究的不断深入,人类对纳米制药技术的应用一定是积极的,这种新兴技术必将在解除人类疾病痛苦和维护人类健康方面发挥巨大作用。

第二节 设计伦理研究展望与讨论

一、设计伦理研究领域

《汉语词典》对"设计"的定义是"根据一定的目的要求预先制定方法、程序、图样等的活动"。设计是包括人的思维、想象、目的、意志及手段采取等的计划过程。可见,设计是一种带有目的性的人类思维活动,是富含文化意蕴的社会性系统行动。由于目的的存在,客观地决定了设计活动必然具有伦理意义,必然相关对实现目的需要采取的手段的道德伦理考量,关涉目的的正当性及触及目的的最高道德意义。这就是设计内在的伦理含义。正是由于设计与伦理的高度关联性,设计伦理学成为一门新的学科。如果把设计与人类改造和应用技术服务于人类目的的实践活动相连接的话,设计的结果又同样显示出设计的伦理意义,也就是说,人类按照预先设计的方案和目标去行为,产生的后果及社会影响同样会展示人类的基本伦理关系,即人与自然、人与人及人与社会的关系,这是设计主体行为的外在伦理考量。因此,设计伦理研究是一个十分宽泛的领域,因为在技术哲学中将设计分为工程设计、工业设计和环境设计三种类型。因此广义地讲，设计伦理研究除了构建基本理论基础和规范体系之外，还应该就其相关研究领域中的伦理问题及规范要求进行探讨，由此，才会在理论体系的建构上形成立体的、多层次的和较为完善的经典体系，否则，实属一种缺失。

对一门学问研究领域的确定离不开研究内容，设计伦理学研究领域将聚焦工程设计、工业设计和环境设计作为研究的主体内容，采用科学方法，研究各类型设计的基本原则和设计方法，研究其中贯穿的设计理念、设计的人文之思、设计的价值以及设计中孕育的深层规律，既注重科学研究，更关注伦理价值研究，既立足于技术层面，也考量文化底蕴，由此将助推设计伦理学完整体系的构建和深入研究。

二、工程设计伦理的人文意蕴

工程是技术的应用和使用技术建造人工物的过程。一般地说，工程设计应该首先以人类的认识思维活动来展现目的，它既有目的性，同时也具有预见性。任何一项工程都是具有目的的过程，而目的的设定本身又是设计的起始和动因。如果我们按照这样的一种逻辑关系推导，接下来就应该导引出"是什么决定了目的"的问题，这种目的是否正当及符合事物发展的规律要求？如果按照这种目的来进行设计工程，产生的结果及社会影响的价值意义又将怎样？这样一些伦理问题表明，工程设计是有伦理意义的计划活动。

目的在伦理学范畴中是指人类行为的动机，动机是人行为的出发点和根本动因，是行为产生的直接动力。亚里士多德曾提出过包括目的因在内的"四因说"，并认为目的因是人的技术活动的"原始推动"。

事实上，人类目的的产生源于人类的需要，需要是人类在物质和精神方面的欲求，并且有高低级之分。同时，需要又根据社会的发展状况和社会的秩序要求，在一定的社会历史条件下具有正当与不正当之规定。正当的需要是符合社会发展要求和满足人类长远发展利益需要的精神和物质的欲求。因此，目的的正当性指行为主体在实践中所产生的行为动机及选择实现目的的手段时必须考虑行为的合理性，行为本身具有价值和"好"的性质，行为准则是"正当"的。

在伦理学中，目的与手段和动机与效果既相联系又相区别。所谓目的是指一个人在经过自己努力后所期望达到的目标。所谓手段是指达到这一目标所采取的各种措施、途径和方法。目的与手段彼此相互联系，又相互制约，是对立统一关系。目的决定手段，手段又必须服从目的。一定的目的必须通过一定的手段才能实现，目的与手段的一致性是人类工程设计伦理行为选择的根本原则。而要做到二者一致就必须坚持将价值原则渗透到工程设计活动的全过程之中。具有价值因素的工程设计目的则在工程实践的全过程中规定工程设计手段的采取，从而在工程实践的结果上表现出价值的终极目标。

工程设计是富有人类文化的精神活动，这是人类的目的性行为区别于动物的关键。蜜蜂造出"六角型"的房子、蜘蛛吐丝结网等，这些貌似"计划性"的动物的行为模式并非出于意识而表现的一种精神活动，事实上这不过是动物本能的展现。人类的意识现象是社会存在的产物，意识是客观事物在人的头脑中的主观影像，离开社会存在的决定和影响，人类的意识就不会产生。

工程设计在表现人类的目的性和计划性的同时，也紧密地与社会发展的文化因素相结合。它在人工建造自然的过程中既包含着社会需要和社会利益，同时也展现着人类的器物文化和精神风貌。历史上许多著名的工程如埃及的金字塔、中国的万里长城，都是世界文明和文化的辉煌成就。对人类社会的"现代文明有重要意义的并不是天然自然的状况，而是自然的人工化和人工自然的创造，也可以说，文明化与人工化是成正比的关系"[7]。

工程设计的文化意涵实质是社会伦理精神的展现，这种社会伦理精神旨在通过工程的建造创造新文化的同时，对已存文化的肯定和继承。工程设计理念绝不是在创造"新文化"时意味着对"旧有文化"的破坏，这一点恰恰是人类文化和文明延续和发展的历史继承性和发展性的体现，是自然价值与人类文化价值和文明的统一。

工程设计不仅运用科学技术知识和实践经验，而且考量社会需要以及环境限制条件。实现一个工程设计是符合伦理要求的目标，必要条件是可靠性和可持续性。可靠性反映出设计对人利益和生命的尊重，可持续性展示了设计对自然的友好关系。例如，驰名世界的荷兰拦海大坝，就是考量上述两个条件的完美设计，它既有效调整了技术和工程与人的关系，也合理实现了技术、工程与自然的和谐（图7.1）。

图7.1 世界著名的荷兰拦海大坝

可见，工程设计伦理要求在设计的开始不仅思考人类的眼前利益，而且将自然的利益即人类的长远利益置于伦理考量的前端；不仅将功利主义作为行为选择的基础，而且将现代道义论所提倡的责任作为工程设计伦理的基础。如此，工程才能突破单纯经济效益考量，而将社会效益和生态效益综合融入其中，从而展示工程的最高价值。

任何一项技术和工程设计中都孕育着自然规律与社会规律融合的深层规律，对规律的认识是把握行为方向的根基。一项重大的工程设计都是科学和技术在具体人工造物过程中人类对科学规律的尊重，都是人类勇于创新的科学精神的具体体现。科学精神指人们坚持真理，探索自然，不畏困难，勇于创新的品格和风貌。人文精神指关心人，同情人，尊重人的价值和尊严，关注人类的文明进步的高尚情操。如果说工程设计的技术基础在于科学精神的鼓舞，那么，工程设计的责任体现则在于工程设计主体人文精神的觉醒。著名技术哲学家海德格尔认为，技术中有许多哲学反思的东西，应该以一个非技术人的身份从哲学上考察技术。在海德格尔技术哲学思想中表现出一种对人类终极关怀的思想态度，这种思想对现代技术的发展及现代人类的生活具有重要的启示意义。

三、工业设计伦理的文化因子

工业设计的对象是工业社会中一切人造物以及人的作用面和感知面，包括人机界面、人物界面、各种用品的使用表面以及对人的感官和思维产生作用的表面。[8]工业设计不仅塑造产品外形，更主要的在于表现出设计道德伦理，这里包括诸多的文化因子，如文化的可接受性以及生态原则等。缺乏诗性和人道性的工业设计无异于失去了文化的底蕴和精神的灵动，是没有意义的设计。工业设计中的方法论问题涉及劳动学、人机学理论，与此同时，还关涉可用性设计、安全性设计等问题和方法的本质内涵。可见，工业设计中蕴含丰富的文化因子，反映文化的可接受性和传承性特征。

文化是民族的"基因"和血脉，是一个民族和国家的精神支柱。工业设计伦理反映着具有民族性的文化和价值观，它不仅具有民族性，而且具有时代性。不同时空条件下的文化其可接受性是根本不同的，尽管随着"地球村"的一体化逐渐形成，但文化的碰撞与融合是一个异彩纷呈的过程，尤其是伦理的渊源和价值观的差异，在工业设计伦理中趋同化的实现要有一段很长的路要走，或许基于信仰的不同，事实上的一致永远是不可能的。但有一点毋庸置疑，就是居于不同时空条件下的人们，沉淀在工业设计中的文化理念及文明诉求将是具有普世意义的规则，如仁爱、天人合一、平等、尊重、安全、自主、自由等。

事实上，生活是人类一切行为和活动的本然，人的生活世界是融观念与行动、实然与应然、实用与美和谐统一的过程。设计涵盖了人类的文明和创造、人类特有的品质和能力、人类的思虑与谋划等智慧。理性认知和艺术制造是设计的灵魂。失去了这一灵魂，人的生活世界就缺失了艺术魅力，缺少了丰富多彩的、具有美感和诗意般的生活。当然，也就缺失了文化的本源和智慧的沃土，设计也就缺少了新价值和新境界。

工业设计不仅是形式追随功能，更重要的是形式展现文化。注重历史和文化传统的人文设计是工业设计的精髓所在。可见，"设定目的是人类的一种内在属性和特有能力。随着文明的进步和社会的发展，随着人越来越成为自觉和自为的人，设立目的的问题对个人、对由个人组成的集体以及人类社会都越来越重要"[9]。工业设计在展示技术力量的同时，则从更高的意义上展示出人类的无穷智慧和人类的道德责任精神。

四、环境设计伦理的核心要义

环境设计旨在以技术美学为基础，以一种创新方式规划人类生产和生活的空间与未来，创造与人类生活密切相关的人工环境。它关涉城市设计、城市规划、建筑设计、室内设计等。环境设计方法论问题主要包括视觉思维研究、视觉造型与功能协调的方法以及以"人"为中心和以"自然"为中心的设计方法。"以人为本"是环境设计伦理的核心要义。

人工环境是社会发展和现代文明的重要标志，其建造过程是与科学、技术、经济、社会发生千丝万缕联系的重要而复杂的过程。因此，环境设计伦理既融合环境伦理、技术伦理，也融合了社会伦理原则和要求。只有如此，才能使环境设计伦理显现出科学性和合理性。

环境设计伦理要求人类对自然界的行为给予道德调节，人类对自然环境及栖息于其中的所有动物和植物具有保护的责任和义务。海德格尔曾说在技术的本性中根植和成长着拯救，即"但哪里有危险，哪里也有救"[10]。海德格尔认为，现代技术的产生不完全是因为人的需要和愿望，而是因为现实物使自己在某种程度上向技术操作开放，才引起了技术的使用，并在此基础上深刻地揭示了现代技术的特点，提出了技术既不是工具性的，也不是自主性的，而是建构性的现代技术理念，成为现代建构主义的先驱。

在建构主义视野之下进行设计伦理研究，理应反向考察社会诸多要素对设计的影响和形塑。人应该沉思和诗意地生存于地球之上。"当思思维着的时候,思就行动着。"思想本身就是较高意义上的行动。海德格尔认为,技术就是一种拯救的力量,"技术之本质必然于自身蕴含着救渡的生长"[10]。"……我们愈是邻近于危险,进入救渡的道路便愈是开始明亮地闪烁……"[10] 同时,他把对技术的决定性解析与艺术领域的沉思有机地结合起来,为人类提出一条从技术统治到审美解放之路。可见,设计伦理的主旨在于以辩证法哲学思想为指导,合理处理人、自然、社会三者关系,以科学合理的技术方法实现正当的技术目的。技术问题也会回归到技术自身加以解决,即以技术手段和方法控制技术负面性的发生,而对技术风险控制的源头在技术设计,因为设计是技术过程的起点。

参考文献

[1] van den Hoven J, Weckert J. Information Technology and Moral Philosophy [M]. Cambridge, New York: Cambridge University Press, 2008

[2] van den Hoven J, Weckert J. Information Technology and Moral Philosophy [M]. Cambridge, New York: Cambridge University Press, 2008

[3] 朱敏. 技术风险的伦理应对初探 [J]. 重庆科技学院学报(社会科学版), 2009, 25(10): 37-38

[4] van de Poel I, Kroes P.Social acceptance versus social acceptability of technological innovations [R]. Shenyang: The 19th Biennial Meeting of the Society for Philosophy and Technology, 2015

[5] 巴拉特·布尚. 斯普林格纳米技术手册 [M]. 北京:科学出版社, 2009: 1826-1827

[6] 田少波. 技术风险评估模糊层次分析 [J]. 科技管理研究, 2001, (3): 45-48

[7] 陈昌曙. 技术哲学引论 [M]. 北京:科学出版社, 1999: 62

[8] 黄顺基. 自然辩证法概论 [M]. 北京:高等教育出版社, 2008: 213

[9] 李伯聪. 工程哲学引论 [M]. 河南:大象出版社, 2002: 96

[10] 孙周兴. 海德格尔:技术的追问 [A] //海德格尔海德格尔选集 [M]. 上海:上海三联书店, 1996: 946, 954

附　　录

笔者相关论著译著译文及参考资料

1. 赵迎欢，Dorbeck-Jung B.纳米药物设计与负责任创新：建构论视角的解释[J].科技管理研究，2016（1）：257-261（CSSCI）

2. 项荣武，赵迎欢*（*通讯作者）.药物研发实验中的伦理问题及应对措施[J].医学与哲学（中文核心），2015，36（5A）：28-31

3. Zhao Y H.From practice to concept and from concept to practice—On "the twice leap of responsible innovation"[R].19th International Conference of SPT 2015, Shenyang: Northeastern University, 2015

4. 吴峰，赵迎欢*（*通讯作者）.论"文化生产力"语境下纳米制药技术设计者的使命意识[J].井冈山大学学报（社会科学版），2014，35（5）：49-54

5. 吴峰，赵迎欢*（*通讯作者）.论"文化生产力"及其对历史唯物主义的创新与发展[J].教学与研究，2013，47（11）：72-78（CSSCI）

6. 赵迎欢，王丹，綦冠婷.纳米制药技术设计的伦理问题及责任控制机制[J].武汉科技大学学报（社会科学版），2013，15（4）：354-357

7. Zhao Y H.The integration research of value sensitive design in the development of nanomedicines[R].18th International Conference of the Society for Philosophy and Technology, Liabon-Portugal, 2013

8. 董晓丽，徐爽，赵迎欢*（*通讯作者）.纳米技术的伦理沉思——以纳米制药技术为例[J].佛山科学技术学院学报（社会科学版），2013，（2）：14-17

9. Zhao Y H.The ethical issues in engineering design and the responsibility of engineers[R].Beijing: 2012's fPET, 2012: 159-160

10. Timmermans J, Zhao Y H, van den Hoven J.Ethics and nanopharmacy: value sensitive design of new drugs [J].Nanoethics, NanoEthics, 2011, 5 (3): 269-283

11. 赵迎欢, 宋吉鑫, 綦冠婷.纳米技术共同体的伦理责任及使命 [J].科技管理研究, 2011, (1): 238-242 (CSSCI)

12. 赵迎欢.荷兰技术伦理学理论与负责任的科技创新研究 [J].武汉科技大学学报 (社会科学版), 2011, 13 (5): 514-518

13. 徐东佳, 赵迎欢*(*通讯作者).纳米药物的伦理审视及对策研究 [J].亚洲社会药学, 2011, 6 (1): 79-83

14. 赵迎欢.纳米药物研发责任的伦理性质及理论基础 [J].山东科技大学学报 (社会科学版), 2010, 12 (5): 15-20

15. 赵迎欢, van den Hoven J.纳米药物的风险与控制 [J].医学与哲学 (中文核心), 2010, 31 (7): 27-28, 48

16. 赵迎欢, 杨雪娇, 沈聪, 徐东佳.纳米医学信息技术与"隐私"保护 [J].医学与哲学 (中文核心), 2010, 31 (11): 32-33, 36

17. Zhao Y H, van den Hoven J.Medical information on the internet: ethical problems and responsibilities. Asian journal of social pharmacy [J].2010, 5 (4): 163-170

18. 赵迎欢, van den Hoven J.工程中的伦理问题及工程师的责任 [J].沈阳工程学院学报, 2010, (3): 321-324

19. 赵迎欢.医药伦理学 [M].第 4 版.北京: 中国医药科技出版社, 2015

20. 赵迎欢, 吴峰.药学哲学 [M].沈阳: 东北大学出版社, 2012

21. [荷] van den Hoven J, Weckert J.信息技术与道德哲学 [M].赵迎欢, 宋吉鑫, 张勤译.北京: 科学出版社, 2014

22. [荷] 安珂·范·霍若普.安全与可持续: 工程设计中的伦理问题 [M].赵迎欢, 宋吉鑫译.北京: 科学出版社, 2012

23. Timmermans J, Zhao Y H, van den Hoven J.伦理学与纳米制药: 新药的价值敏感设计 [J].赵迎欢译.武汉科技大学学报 (社会科学版), 2012, 14 (4): 1-12

24. van den Hoven J, Vermaas P E.纳米技术与隐私: 有关全景敞视监狱外的持续监视 [J].赵迎欢, 高健, 杨雪娇译.武汉科技大学学报 (社会科学版), 2012, 14 (1): 1-8

后　　记

　　设计哲学是技术哲学研究的"硬核"，而设计伦理是技术伦理研究的源头和起始，尤其在药物设计中更是重中之重。自 2008 年 1 月在荷兰代尔夫特理工大学哲学系访学以来，做设计伦理的系统化理论研究一直是我的夙愿和梦想。在代尔夫特理工大学做研究期间，我身边的许多同事和我的老师 Jeroen van den Hoven 教授都在聚焦欧盟第七框架计划的热点——纳米伦理研究，这感染和激发了我对高技术伦理研究的热情，也促使我继续和深化博士期间的高技术伦理学研究的后续问题研究。从那一刻开始，我步入了纳米伦理相关研究领域，尤其聚焦纳米制药技术伦理研究，开启了我做高技术伦理研究的新视野和新生涯。

　　2008 年 12 月，我立项了辽宁省社会科学基金项目"纳米技术的伦理挑战及对策研究"，经过 4 年的艰辛努力，取得了一系列成果，为我做国家社会科学基金项目奠定了坚实基础。2012 年 5 月起，我和我的研究团队开始做纳米制药技术设计伦理研究，经过 3 年的努力和实践，我们的研究已经在国际水平上上了一个新台阶，因为在我的研究团队里，有 3 位博士教授来自荷兰和英国著名高校，其中 Jeroen van den Hoven 教授是 2010 年度世界技术哲学研究网络成就奖的获得者，国际 ICT 研究著名专家；Bärbel Dorbeck-Jung 教授是荷兰国家纳米伦理研究项目组主席；綦冠婷博士是欧盟第七框架计划纳米伦理研究的主要参与者。2001 年开始，我选择了医药伦理研究作为我事业发展的方向和目标。2003 年结合现代高技术发展的现状和态势，我选择了高技术伦理研究为我的博士论文研究，当时主要突出基因工程技术和信息技术。2005 年我出版著作《高技术伦理学》，跨学科的理论与实践融合研究为我深化目前的纳米伦理研究打下深深的理论和实践基础。2008 年我有幸受国家公派加入荷兰代尔夫特理工大学哲学系 3TU（荷兰代尔夫特理工大学、特温特大学、埃因霍温理工大学）技术伦理研究团队，由此为我的学术研究提供了一个国际合作与交流的平台，也为我深化研究打开了一个崭新视域。

时光飞逝，岁月如梭。转眼之间我在医药伦理研究领域已经耕耘 15 个春秋，在高技术伦理研究领域拼搏了 10 个冬夏，在纳米技术伦理研究领域奋进了八个年头。不断细化的研究方向、日益升华的理性思考都为我的事业发展注入了活力。回想走过的路，我要特别感谢我的导师陈凡教授，是导师在我迷茫和不知学术进路的时候指点了我、培养了我，师恩永驻，高山流水。

在国家社会科学基金 2012 年度项目完成过程中，沈阳药科大学的吴峰副教授、项荣武副教授、董晓丽副教授，荷兰 Jeroen van den Hoven 教授和 Bärbel Dorbeck-Jung 教授等都做了重要工作。其中第二章第四节、第六章第二节的第三目为吴峰副教授和赵迎欢教授共同撰写；第三章第一节、第二节为赵迎欢教授和 Jeroen van den Hoven 教授共同撰写；第三章第三节为董晓丽副教授和赵迎欢教授共同撰写；第四章第一节的第一目为项荣武副教授和赵迎欢教授共同撰写；第四章第三节由赵迎欢教授和 Bärbel Dorbeck-Jung 教授共同撰写；第五章第一节为赵迎欢教授和綦冠婷博士共同撰写；其他内容全部由赵迎欢教授独立撰写。

著作主要完成人是赵迎欢、Jeroen van den Hoven（尤瑞恩·范登·霍文）、吴峰、项荣武、董晓丽、綦冠婷。

感谢中国科学院国家纳米中心赵宇亮教授、陈春英教授，沈阳药科大学何宗贵教授、孙进教授为本书提供的文献资料和帮助；感谢 Jeroen van den Hoven 教授（University of Technology Delft, the Netherlands）和 Bärbel Dorbeck-Jung 教授（University of Twente, the Netherlands）给予项目研究诸多文献支持和观点建议；感谢 Ibo ven de Poel 教授、Peter Kroes 教授（University of Technology Delft, the Netherlands）参与座谈讨论；感

后 记

谢荷兰代尔夫特理工大学的沈成刚博士、荷兰特温特大学的 Séverine Le Gac 博士、党文琪博士、陈文龙博士、谢思佳博士、张海楠博士参与项目研究的个别访谈和座谈；感谢中国工业和信息化部的贺佳、宁夏回族自治区银川卫生和计划生育委员会的徐东佳、辽宁省药械审评与监测中心的史博参与本书的讨论和提供的资料。最后，感谢所有对本书提供帮助的工作人员，感谢为本书提供资料借鉴的所有专家学者，感谢科学出版社樊飞编辑的辛勤工作。

由于研究资料和研究数据所限，加之研究水平是一个与时俱进的过程，所以在书中还有许多需要进一步深化和完善之处，错误和疏漏在所难免，敬请学界同仁批评指正。

赵迎欢

2016 年 5 月 5 日